U0186882

本书受国家社科基金西部项目（基金号：16XZZ013）、全国民政政策理论研究基地、中央高校基本科研业务费专项资金资助

光华公管论丛

棚户区改造中的
多元协作治理模式研究

RESEARCH ON THE COLLABORATIVE GOVERNANCE

IN THE RECONSTRUCTION OF
SHANTYTOWNS IN CHINESE CITIES

马 珂 著

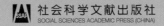
社会科学文献出版社
SOCIAL SCIENCES ACADEMIC PRESS (CHINA)

目　录

第一章

绪　论

第一节　问题的提出

棚户区改造是国家保障和改善民生的重要举措，是推进公共利益和社会整体福利改善的公共事务，也是地方政府推进城市空间布局更新换代的重要途径。改革开放以来，党中央、国务院和各级地方政府高度重视棚户区改造在促进民生事业发展、推进国家城市化建设中的重要地位，并在实践中不断总结经验，提出符合人民利益、符合时代发展方向的战略决策。自 2005 年东北地区大规模启动棚户区改造行动以来，棚户区改造在我国各地进入了快速推进的十年，并取得了举世瞩目的成就。2008 年，中共中央启动全国范围的保障性安居工程，城市危旧小区群众的住房条件逐渐得到提升；2012 年底，住房和城乡建设部等 7 部门联合发布《关于加快推进棚户区（危旧房）改造的通知》；2013 年 7 月，国务院正式公布《国务院关于加快棚户区改造工作的意见》；5 年后，即 2018 年，李克强总理强调"棚改是重大民生工程，也是发展工程"，再次强调了棚户区改造的重要意义。

十多年来，我国的棚户区改造实践经历了由政府单方面强势推行，向以政府为主导、多元主体协作参与治理的模式转型。在传统的地方政府单方面强势主导拆迁和安置模式下，地方政府利益和拆迁户利益冲突激烈，往往引发强制拆迁、野蛮拆迁、群众集体上访等社会问题；同时，由于政府的策略性议价行为，拆迁标准不一，拆迁补偿的公平性受到社会质疑，政府与个人矛盾尖锐，从而影响了政府的公信力，最终也让传统的改造方式举步维艰。由于社会和媒体的广泛关注和深度讨论，2011 年，国务院颁布了《国有土地上房屋征收与补偿条例》，明确了城市土地上房屋的征收主体为市、县级以上地方人民政府，明确将"公共利益"作为征收的前置条件，并规定了国有土地上房屋征收和补偿的流程和标准。新的法规改变了以往以市场行为者为征收主体的做法，征收程序更为科学合理，更加重视拆迁户和社会的意见表达和权益维护，为多元主体协作治理模式的产生提供了政策环境。在新法规的推动下，全国各地相继展开了新形势下的棚户区改造实践，在拆迁决策、搬迁安置和后续管理等方面做出了有益探索。

总体来看，通过十多年来的努力，我国棚户区改造取得了伟大的成就。通过对四川、河北、山西、云南、浙江等地的棚户区改造案例进行调研，我们发现各地为顺利实现棚户区改造进行了一系列创新实践。其中，以成都市金牛区曹家巷为代表的"自治改造"模式与传统的政府主导模式有着根本性的区别，也产生了良好的社会效应。该模式中，当地拆迁群众变传统的被动拆迁为主动参与，并在政府、市场、社会力量的协作之下顺利推进棚改项目完成。该模式代表了一种符合新时代社会治理体系发展要求和趋势的新型棚改方式，具有典型性和代表性。

2013年底召开的党的十八届三中全会提出未来要全面深化改革，改革的总目标是推进并实现国家治理体系和治理能力现代化。随后几年，党中央进一步深化了对这一总目标的阐述，例如党的十九届四中、五中全会。社会是一个政治共同体的重要组成部分，因而社会治理体系也是国家治理体系的一个重要组成部分。棚户区改造不仅是中国城市化的一个缩影，是党和国家高度重视民生民权的有力证明，也是国家治理体系和治理能力朝向现代化迈进的具体体现。

2020年，国务院办公厅发布文件，提出新时期全国大规模的棚户区改造将逐渐被老旧小区改造这种任务形式代替，到"十四五"期末力争完成2000年底前建成的需改造城镇老旧小区改造任务。由此，到2020年底，全国大规模的棚户区改造工作基本结束，并以老旧小区改造这种形式继续城市的更新换代。

十多年来，我国在棚户区改造上取得了令世界瞩目的成就。自2008年我国全面启动安居保障工程以来，全国累计改造各类棚户区5000余万套。截至2020年底，我国实现了全国范围内1亿多居民搬出棚户区、住进新建小区，棚户区居民的住房条件得到了极大的改善。

然而，棚户区改造实践中展现出来的社会治理模式的根本转向，则是值得深入研究的问题。围绕着这一主题，可以进一步提出以下问题。第一，棚户区改造的多元协作治理模式的产生背景、动因和运作机制是什么？第二，与传统模式相比，多元治理模式下棚户区改造的成效是什么？第三，拓展到一般层面，棚户区改造对于我国社会治理模式转型的典型意义、构建公共事务的多元治理格局中各参与主体尤其是政府的责任及实现路径是什么？

回答以上问题，无论在实践上还是在学术研究上，对正处于社会治理范式深度转型的当代中国来说，都有重大意义。首先，基于既有的学术成果和棚户区改造实践，本研究将构建多元协作治理模式的理论框架以分析该模式的运行机制，并尝试从我国公共事务治理模式的演进及现实发展两个维度解释棚户区改造治理创新产生的动因和运作逻辑，从而在学术层面深化已有研究。其次，本研究基于实证资料的收集和个案的深入挖掘，评价多元治理模式下棚户区改造的成效，拓展现有实证研究广度。最后，基于棚户区改造的实证分析，本研究尝试回答政府在构建多元治理格局中的治理责任和实现路径，将政策研究与中国社会转型时期的现实需求紧密结合，以弥补现有研究的不足。

第二节　相关文献梳理

党的十八届三中全会提出未来深化改革的总目标是"推进国家治理体系和治理能力现代化"。体现在社会领域，则要转变长期以来占据主导地位的社会管理理念与做法，改革社会治理体制，创新社会治理的方式。这一转变，不仅仅是概念的变化，治理目标、治理过程和治理手段也发生了根本性的转折。城市棚户区改造作为社会领域中保障和改善民生的重要举措，是深入观察和研究我国公共事务治理转型的典型案例。因此，梳理"治理""治理失灵""元治理"等关键概念，以及我国公共事务治理转型和棚户区改造的相关文献，对于正确理解社会管理中的多元协作治理模式、明确新形势下政府的责任内容和边界，都有重要的意义。

一　社会公共事务：从"管理"到"治理"

自 20 世纪 90 年代起，"治理"（governance）这一提法渐渐在社会科学领域受到广泛讨论，这一词语也频繁出现在诸多学科文献中。随着全球化时代的来临，人类的政治生活正在发生重大的变革，人类政治过程的重心正在由统治转向治理，在这时期，学术界出现了众多的以"治理"为研究对象的著作。美国学者罗西瑙（James N. Rosenau）在其著作《没有政府的治理：世界政治中的秩序与变革》中提出"没有政府的治理"（governance without government）这一概念。他认为治理就是在没有强权力的情况下，各行动者克服分歧达成共识，以实现某一共同目标。[①] 英国学者罗茨（R. Rhodes）在其研究中提出，"治理"意味着政府管理的理念和方式与以往发生截然不同的变化。[②] 英国学者斯托克

①　〔美〕詹姆斯・N. 罗西瑙：《没有政府的治理：世界政治中的秩序与变革》，张胜军、刘小林等译，江西人民出版社，2001。
②　他还详细阐述了"治理"的六方面含义：作为最小国家的管理活动的治理、作为公司管理的治理、作为新公共管理的治理、作为善治的治理、作为社会控制体系的治理、作为自组织网络的治理。〔英〕R. A. W. 罗茨：《新的治理》，木易编译，《马克思主义与现实》1999 年第 5 期。

（Gerry Stoker）认为，治理的主体不仅限于政府，治理包含了界限和责任的模糊性，涉及主体权力依赖与自主自治等方面。[①] 20世纪 90 年代后期，"治理"的理念学说引起了国内学者的关注。毛寿龙区别了英语词语中的"governance""rule""administration""management"，他认为，治理是指政府对公共事务进行的一种新的管理模式。[②] 俞可平区别了"治理""善治""善政"等概念。他认为治理作为一种公共管理活动，可以从规则、机制和方式手段三个层面加以理解。[③] 在众多的关于"治理"的理解中，全球治理委员会的定义影响最为广泛。该委员会认为，治理是调和不同利益冲突主体并采取联合行动的持续过程。从参与主体来看，行动者可以是公共机构，也可以是私人机构；从治理手段来看，可以是正式制度和规则，也可以是各种非正式的制度和安排。[④]

学界学者对于治理含义的界定虽各有不同，但都有共同的关注点：治理主体应该不仅限于政府，主体之间的责任界限具有一定的模糊性，治理的目的在于调和不同参与者的冲突以增进共同利益等。

因此，在众多定义中，我们可归纳出一些共同之处，体现在以下五点。第一，治理主体的多元性。治理不仅仅是政府的单独行动，随着社会经济的发展，人民受教育水平的提升，治理过程应该涵盖政府、市场、社会等多个主体的参与。第二，治理主体

---

① 〔英〕格里·斯托克：《作为理论的治理：五个论点》，华夏风译，《国际社会科学杂志》（中文版）2019 年第 3 期。

② 毛寿龙等：《西方政府的治道变革》，中国人民大学出版社，1998。

③ 俞可平：《论国家治理现代化》，社会科学文献出版社，2015。

④ 全球治理委员会：《我们的全球伙伴关系》，牛津大学出版社，1995。

之间处于相互依赖的境况，单方面的治理行动容易导致失败。第三，治理主体之间的合作行动是以各自的利益诉求和相互的信任为前提的。按照经济人假设，治理中各个主体都想实现自己的利益，这也是各主体参与治理的动因之一，一旦有一方的利益不能得到保证或者遭到极大损害，共同的治理基础就不复存在。第四，治理主体在合作的同时，仍保持一定的独立性。在治理过程中各方是密切合作的，但仍旧保持着相对的独立性，以便可以掌控和运用自己独有的资源。第五，治理的最终目的是解决社会公共问题，实现公共利益最大化，在此过程中运用协调各方合作的方式来达到此目的。各种定义虽对治理主体的互赖性、独立性进行了卓有成效的探讨，但却没有对参与治理过程的各主体的权力责任、拥有的资源、采取行动的动因等方面予以完整而清晰的阐述。

从传统社会到新中国，不同时期的社会治理模式发生了巨大变化。从王朝时代到21世纪，我国社会发展经历了国家统治社会到国家管控社会，再到社会管理并逐渐发展为社会治理的历程。在王朝时代，国家运转主要依靠政治统治，国家将社会和其他主体排除在统治阶级之外的统治模式一直持续到新中国成立之前。俞可平在《论国家治理现代化》中就论述了统治模式和治理模式在权利主体、权威性质、权威来源、权力运行向度以及二者的作用范围五个方面的不同。[①] 新中国成立以后很长一段时间，我国社会发展都处于国家管理之下，这种管理模式的特点是政府全面介入公共事务的方方面面，事事亲力亲为。政府无所不在的管理

① 俞可平：《论国家治理现代化》，社会科学文献出版社，2001。

方式使国家快速地建立起独特的国民经济体系，塑造了全能型的政府形象，但也降低了社会参与治理、培养社会自治的能力。21世纪以来，尤其是党的十八大以来，由于对执政规律认识的积累、执政理念的提升和执政方略的转型，加之社会环境发生巨大的变化，党和国家越来越认识到公共事务治理中多元主体参与的重要性，越来越倡导发挥市场和社会的力量。因此，在实践中社会建设逐渐由社会管理向社会治理转型，以积极应对现代国家发展中出现的越来越复杂的治理难题。从实践中发现，包含了政府、市场、社会等多个主体在内的治理模式，比单纯的政府行动更有效率，治理效果也更加令人满意。

但有学者提出，"治理"也存在一些问题。多元主体参与的公共事务治理确实可以弥补国家管理中的某些不足，但它也不是万能的，在治理的过程中仍存在一些困境使得治理效果不尽如人意。鲍勃·杰索普（Bob Jessop）等就曾提出治理的两难困境，包括合作与竞争、开放与封闭、可治理性与灵活性、责任与效率四个方面。[①] 针对这种治理失灵的可能性，我国学者俞可平提出了"善治"的概念。"善治就是使公共利益最大化的管理过程和管理活动……善治包括了合法性、法治、透明性、责任性、回应、有效、参与、稳定、廉洁、公正等十个要素。"[②] 善治应该是在有效地弥补市场和政府的不足时，还有一套运作体系保持自身的不断完善。

---

① 〔英〕鲍勃·杰索普：《治理的兴起及其失败的风险：以经济发展为例》，漆燕译，《国际社会科学杂志》（中文版）2019 年第 3 期。

② 俞可平：《走向善治》，中国文史出版社，2016。

新中国成立以来，我国公共事务的治理模式发生了较大的转变。陈天祥、高锋将新中国成立以来的社会治理结构梳理为三个阶段，分别为磁斥阶段、磁吸阶段和耦合阶段。改革开放前国家将社会事务大包大揽独自处理公共事务的治理模式作为磁斥阶段，将改革开放初期国家部分吸收社会到治理体系中来作为磁吸阶段，2000 年以后公共事务治理中国家和社会形成互嵌依赖的耦合阶段。① 窦玉沛认为我国的社会管理大致经历了"管控型"社会管理阶段、"党政主导型"社会管理阶段和党的十八大以来的社会治理创新发展阶段。② 也有学者将社会治理模式梳理为四个阶段，依次是统治型、授权型、管理型和共治型四种结构类型。③ 虽然学者们划分阶段的方式有所不同，但归纳起来影响治理模式发展的主要因素大致包含党和国家执政理念的转变、经济与社会的发展、现代政治理念的接纳以及人民政治意识的改变等，其核心是政府与社会间关系的变迁。

透过我国社会治理模式的转变过程，一些学者总结了其中的特点。俞可平在其著作中提到："纵观改革开放 30 年以来中国治理变革实践，我们能梳理出这样一个清晰的趋势：从一元治理到多元治理、从集权到分权、从人治到法治、从管制政府到服务政府、从党内民主到社会民主。"④ 在治理变革的过程中，我国既借

① 陈天祥、高锋：《中国国家治理结构演进路径解析》，《华南师范大学学报》（社会科学版）2014 年第 4 期。
② 窦玉沛：《从社会管理到社会治理：理论和实践的重大创新》，《行政管理改革》2014 年第 4 期。
③ 黄显中、何音：《公共治理结构：变迁方向与动力——社会治理结构的历史路向探析》，《太平洋学报》2010 年第 9 期。
④ 俞可平：《中国治理变迁 30 年》，社会科学文献出版社，2008。

鉴了西方治理理论的内容和西方国家政治改革中的制度创新实践,又根据我国具体实际形成了具有中国特色的治理发展模式。比如,我国既引入了"服务型政府""责任型政府""行政问责制""政策听证制度"等观念和制度;也从我国公共管理实践创新中提炼出"以人为本"、强调"发展""稳定"等本土化的治理理念。王浦劬等认为中国社会治理模式是以整体发展的落后和所处的国际关系为背景,以发展为导向目标,以人民代表大会制度、多党合作制度、单一制下地方政府竞争、基层自治组织的双重授权为政治结构的治理模式。① 俞可平也提出了中国治理模式区别于西方治理模式的特征,比如,基于"路径依赖"的增量改革道路、条块结合的治理格局、强调稳定的重要性等。② 学者们的研究表明,我国社会治理模式的演进和变革都极具中国特色,社会治理理念和结构的转变适应了国家经济社会的发展和人民群众的新期待,激发并培养了市场和社会主体的参与意识和参与能力,推动了新时代社会治理中多元主体协作模式的形成。

二 治理主体与治理特征

(一)政府

从更广的范围来说,政府参与社会治理是指包括党政系统等在内的公共权力部门对社会公共事务展开的各种治理行动。拥有公共权力的党政部门参与社会治理,其治理的目标和内容十分广

---

① 王浦劬、李风华:《中国治理模式导言》,《湖南师范大学社会科学学报》2005年第5期。

② 俞可平:《中国治理变迁30年》,社会科学文献出版社,2008。

泛，不仅包括政府自身的治理，还有对市场和社会的管理，内容涉及国家的方方面面，并采用合法强制性手段作为执行保障。①

政府在治理过程中具有以下主要优势。第一，政府具有权威的广泛性，其权威涉及政治、经济、社会、文化甚至生态等方方面面。第二，政府是唯一能够合法使用强制力的组织，政府能够通过税收机制来为社会提供公共物品，在税收体制下，居民必须为公共物品支付一定的费用，才可以较为公平地享受公共物品；政府还可以通过提供"选择性激励"和惩罚机制，对市场中的违规行为进行处罚，从而有效克服"搭便车"现象，降低协调成本，为组织活动提供充分的资源支持。萨缪尔森从经济学角度论证了政府提供公共物品的必要性；科斯从交易成本的维度分析了政府的作用在于运用强制命令来配置公共资源；斯蒂格利茨认为，政府是具有强制力的组织，可以对不正当行为进行惩罚，政府提供公共产品兼具效率与公平的优势，体现了政府的强制力能够对市场行为进行有效约束。综合以上三位学者的观点，政府在提供公共物品中具有高效的优势，而政府自身的属性也能够保障分配的公平性。

当然，政府在提供公共物品时也会出现失灵的问题。② 通常认为政府失灵的原因主要包括以下四个方面。一是政府自身的内

---

① 王浦劬：《国家治理、政府治理和社会治理的含义及其相互关系》，《国家行政学院学报》2014 年第 3 期。

② 政府失灵是指政府为弥补市场和社会失灵而对经济、社会生活进行干预的过程中，由政府行为自身的局限性和其他客观因素的制约而产生新的缺陷，进而无法使社会资源配置效率达到最佳的情形。参见唐兴霖《公共行政学：历史与思想》，中山大学出版社，2000。

在缺陷。根据布坎南等人的理论,[①] 基于"经济人"的考量,政府的行为总是追求自身利益最大化,这可能导致政府机构的膨胀、公共支出增加、政府的自身利益和职能范围扩大,最终会导致财政支出膨胀和政府规模扩张。

二是政府机构的特征。政府机构具有公共权力的垄断性。政府作为公共机构和公共权力部门,其官僚制的组织形式易导致行政效率低下、绩效难以评估等问题。政府的自然垄断性也为"寻租"行为和权力滥用提供了天然的"保护伞"。政府通过公共权力的独占地位,在其治理活动中维护政府部门自身利益。[②] 同时,政府机构的封闭性导致其缺少竞争。布坎南等学者认为这是导致政府行政效率低下的主要原因之一,而信息的不完备使得公众对政府权力的监督较为困难,使得腐败"寻租"问题更加严重。

三是政府干预成本高昂。根据瓦格纳定律,随着政府对公共事务管理职能的扩大,政府财政支出会日益增加,造成财政赤字和预算规模的增加,转而为人民造成税收负担。帕金森定律指出,政府机构内部官僚制的运作形式,会导致官员之间人为增加工作量,并不断扩大下属规模,导致官僚机构的臃肿。布坎南等人也指出政府机构的自我膨胀是导致政府失灵的重要原因,认为政府机构自身的利益最大化会导致其不断扩大规模,导致机构和人员过多、财政支出水平快速增长,最终导致财政赤字,诱发通货

---

① 〔美〕布坎南:《自由、市场和国家》,吴良健等译,北京经济学院出版社,1988。
② 过勇、胡鞍钢:《行政垄断、寻租与腐败——转型经济的腐败机理分析》,《经济社会体制比较》2003 年第 2 期。

膨胀。①

四是政府的决策失误。基于"有限理性人"假设，政府官员是有限理性的，在决策时受到环境因素和自身信息、决策能力等的影响，易导致决策失效。政府的决策过程实质上是一个极其复杂的过程，涉及多方面因素。一方面，阿罗不可能定律指出，现有的集体决策过程主要基于多数投票的规则，而这种规则不能由个人偏好得出逻辑上一致的集体偏好，因而可能出现集体决策未能真实反映个人偏好的"投票悖论"，这使得基于集体决策的政府治理存在偏差；② 另一方面，政府作为强制力的合法主体，可能与民众距离较远，无法及时有效地回应民众需求，存在信息不能及时沟通、服务不能及时提供等问题。因此，单凭政府力量无法有效解决所有的社会问题。

现阶段对于政府失灵问题的解决途径大致分为以下几种：市场竞争化、法制化、民主与伦理化。竞争化主要来自公共选择理论和奥斯本、盖布勒等人。公共选择理论将政府产生低效的原因归结于现行体制的问题，并认为应通过提升社会民主程度、引入内部竞争机制、限制政府权力等措施来解决政府失灵的问题。③ 戴维·奥斯本和特德·盖布勒提出了改革政府的"十条原则"，④ 比如从企业化角度改造政府，认为需要分离政府的决策职能和执

---

① 〔美〕布坎南：《自由、市场和国家》，吴良健等译，北京经济学院出版社，1988。
② 〔美〕肯尼斯·J. 阿罗：《社会选择与个人价值》（第 2 版），丁建峰译，上海世纪出版集团，2010。
③ 丁煌：《公共选择理论的政策失败论及其对我国政府管理的启示》，《南京社会科学》2000 年第 3 期。
④ 〔美〕戴维·奥斯本、彼得·普拉斯特里克：《再造政府》，谭功荣、刘霞译，中国人民大学出版社，2010。

行职能，建立专门的执行机构；在公共部门内部引入竞争；将公共部门的部分职能转移给私人部门等。从法制化角度来看，主要包括通过立法限制政府税收，制定法规和政策，把政府的公权力"关进笼子里"；通过完善相关的法律法规，以制度规范促进政府权力的依法行使，以做到"依法行政"等。民主化的观点则强调，需要改革现有人事制度，扩大民主选择，并改革现有的官员激励制度；转变政府职能，促进社会中介组织共同提供公共服务。而以奥斯特罗姆为代表的学者则认为，可以通过社会的自主治理解决政府失灵的问题。① 伦理化是指政府通过自我约束和自我改革，营造清廉的政府文化，减少寻租行为，行政人员加强伦理责任学习，深化思想认识，发挥道德对法律规章的促进作用，切实做到为人民服务。

（二）市场

市场主体参与公共事务治理有其深厚的历史渊源和理论基础。从历史起源来看，亚里士多德最早提出"政治人"构想，认为每个人都可以自愿地参与公共事务，达到对城邦事务的共同治理和身份认同。② 以亚当·斯密为代表的古典经济学派提出了"经济人"假设，认为每个公民都是经济人，其行为动机是追求自身的经济利益最大化，市场通过价格调节，能够自发达到均衡，政府只需扮演"守夜人"角色。③ 市场治理的主要优势体现在

---

① 〔美〕奥斯特罗姆：《公共事务的治理之道：集体行动制度的演进》，余逊达、陈旭东译，上海译文出版社，2012。
② 〔古希腊〕亚里士多德：《政治学》，吴寿彭译，商务印书馆，2011。
③ 〔英〕亚当·斯密：《国民财富的性质和原因的研究》（上卷），郭大力、王亚南译，商务印书馆，2005。

"自发性"和"效率"两方面。第一，经济利益的刺激。可以通过分工、专业化生产、为个体提供激励来提高投入产出效率。第二，灵活的市场决策。市场的高竞争性和自发性，使得企业对社会成员的需求进行评估以提高资源配置效率。但市场也有其内在缺陷，即"市场失灵"。

萨缪尔森于20世纪50年代在《公共支出的纯理论》一文中提出了市场失灵的概念，从而将经济学家的关注点从私人产品转向公共支出和社会福利。[①] 所谓市场失灵是指，市场在资源配置的过程中由其自身的缺陷和公共产品的特殊属性而导致的资源配置效率低下的一种现象。

萨缪尔森认为，市场失灵主要体现在垄断、外部性、公共物品无人提供三个方面。垄断是指由市场的自由竞争所导致的资源的高度集中和分配不均的现象，这是市场运行的自然结果。外部性是指一个行动者的行为对其他行动者产生了"外溢的"不良后果，而其自身却不用支付相应的费用。[②] 外部性是市场运行不充分的结果，在产权明晰的条件下，深化自由市场的发展可以解决外部性问题。相对于私人物品而言，公共物品可以供给许多人共同享用，具有效用的不可分割性、消费的不排他性和受益的不可阻止性。公共物品的特殊属性导致其容易产生搭便车问题和偏好显示不真实问题。

市场失灵在其提供公共物品方面尤为显著。加勒特·哈丁

---

① Paul A. Samuelson, "The Pure Theory of Public Expenditure," *Review of Economics and Statistics*, Vol. 36（4），1954, pp. 387-389.

② 刘辉：《市场失灵理论及其发展》，《当代经济研究》1999年第8期。

1968年提出"公地悲剧",他以人们在公共牧场上过度放牧导致草场退化为例形象地指出,每个理性经济人都会追求利益最大化而导致公用资源过度消费和退化。"囚徒困境"模型认为,个人的理性选择最终导致集体选择效率的最低化,即市场自发性资源配置会导致交易各方都没有得到利益。[①] 而曼瑟尔·奥尔森1965年在《集体行动的逻辑》一书中认为集体成果属于公共利益,由于每个人在进行利益投入时会考虑到总体收益,而在大型集团中公共物品由多人享有,每人实际的收益较少,容易使人们产生"搭便车"等心理,最终导致个体不愿意或不能够提供公共产品。[②]

在已有研究的基础上,国内外学者通过不同的分类方式对市场失灵的原因加以界定。国外学者主要基于经济学的相关理论,认为市场失灵主要包括垄断、外部性和公共品三方面内容。国内学者在西方经济学理论的基础上,对具体类型进行了细分。王冰将市场失灵划分为三种类型,其中局限性市场失灵是指超越了市场作用的限度而导致的失灵,缺陷性市场失灵是指市场发育不完善所导致的失灵,负面性市场失灵是指市场体制健全但市场运行结果不符合社会需要的价值判断而导致的失灵,三者都需要通过政府干预来弥补市场缺陷。[③]

(三) 社会

社会主体参与公共事务治理是指以各类社会组织为主体,包

---

① Garrett Hardin, "The Tragedy of the Commons," *Science*, Vol. 162 (5364), pp. 1243-1248, 1968.

② 〔美〕曼瑟尔·奥尔森:《集体行动的逻辑》,陈郁等译,格致出版社,2018。

③ 王冰:《市场失灵理论的新发展与类型划分》,《学术研究》2000年第9期。

括民众和社会组织等所共同形成的社会网络参与公共事务治理的行为。俞可平认为，社会"是政府机构和市场组织之外的各类组织和关系，它是民众赖以生存的日常领域"。采用"社会"的说法可以强调民众的参与性，并加强对政府权力的制约。① 俞可平还认为，自治是社会治理的核心内容，包括城乡居民自治、社区自治、地方自治等。他认为培育社会民众自治对于发展社会主义民主具有重要意义。由于社会自治可以激发公民意识，减少政府的社会管理负担，对于公民和政府发展都具有重要意义，应将社会自治作为社会进步的方向，积极培育。② 萨拉蒙认为非营利组织的特征包括组织性、民间性、非营利性、志愿性、公益性，其将非营利组织在属性上和政府、市场做出区分，并认为非营利组织不属于政府的范畴，不以营利为目的，拥有独立的决策权力和地位。③

相比政府治理，社会治理的主要优势包括以下几个方面：组织结构对环境的适应性、服务提供的效率性、对政府科层制的弥补性。一方面，社会组织具有较小的垄断性和较大的竞争性，能够对个性化需求给予较好的回应；另一方面，公共物品的特殊属性也为社会组织治理提供了可行性支撑。准公共物品介于公共物品和私人物品之间，社会组织的加入能够有效弥补政府和市场在准公共物品提供方面的缺失。社会组织的加入也有助于政府做好

---

① 俞可平：《中国公民社会：概念、分类与制度环境》，《中国社会科学》2006年第1期。
② 俞可平：《社会自治与社会治理现代化》，《社会政策研究》2016年第1期。
③ Lester M. Salamon, *Partners in Public Service: Government-nonprofit Relations in the Modern Welfare State*, the Johns Hopkins Vniversity Press, 1995.

角色转变，由以往的"生产者"、"供给者"转为"监督者"，从而防止政府太多地陷入具体事务以及减少"寻租"行为。[①]

然而作为社会治理的主体，社会组织也有资源配置低效的现象，被称作"志愿失灵"。萨拉蒙认为，非营利组织具有慈善供给不足、慈善的特殊主义、慈善组织的家长制作风、慈善的业余主义等问题。[②] 组织资金不足、缺乏专业人员指导以及投资者可能带入家长制和权威作风等问题，极易降低资源配置效率，引发治理失灵。组织理论认为，非营利组织的发展可能导致其过度膨胀，从而扭曲原本的组织目标等。[③]

我国社会组织的发展兴起于改革开放初期，历经了 20 世纪 90 年代的初步发展，在 21 世纪初期进入快速发展阶段，并在近年呈现出新的发展趋势。[④] 随着中国社会快速转型，社会组织也在加速发展，对于社会事务的影响力也在与日俱增。社会组织在治理过程中能够发挥其独特优势，动用社会资源，提供公益服务，并参与社会矛盾协调与治理。凭借自发性、志愿性和社会动员能力，社会组织可以充分表达民意诉求，提供公共服务，形成"公民自主的公共空间"，并对公共政策产生影响。[⑤]

国内学者认为，目前中国的社会发展所受到的最大制约来自

---

① 王名:《非营利组织的社会功能及其分类》,《学术月刊》2006 年第 9 期。
② Lester M. Salamon, "Partners in Public Service: the Scope and Theory of Government-nonprofit Relations," in Walter W. Powell (ed.) *The Nonprofit Sector: a Research Handbook*, Yale University Press, 1987.
③ Walter W. Powell and Paul J. Dimaggio, "The Iron Cage Revisited: Institutional Isomorphism and Collective Rationality in Organizational Fields," *American Sociological Review*, Vol. 48, 1983.
④ 王名:《非营利组织的社会功能及其分类》,《学术月刊》2006 年第 9 期。
⑤ 王名:《非营利组织的社会功能及其分类》,《学术月刊》2006 年第 9 期。

制度环境。整体而言，社会组织发展的政策环境已经有很大的改观，但微观制度上，社会组织的发展仍然面临不小的约束，集中体现在准入门槛较高、管制型规范较多、分级登记和双重领导等方面，社会组织独立性依旧不足，治理能力有待提高。根据现有学者的观点，我们认为社会治理失灵可以概括为以下几点。一是从独立性的角度来看，我国的非营利组织发展尚不充分，对于政府具有较强的依赖性，缺乏独立的行动能力。二是从法律规制的角度来看，现行法律法规关于社会组织的准入资格、法律定位、区域垄断、业务管理等都有待完善，缺乏合理的制度支撑社会组织发展。三是社会组织的"志愿性"特征使得其资源提供不充分不平衡，可能将家长制作风带入非营利组织，工作人员缺乏专业训练等。上述问题恰好在政府的责任范畴之内。因此，通过政府的合理规制和补充，可以有效缓解目前存在的社会治理失灵问题。①

三 政府、市场和社会三方的协作治理

由于政府、市场和社会治理各自有其优势和不足之处，一些学者转向了三者共同合作的视角，认为通过多元主体的协作治理与互动，能够弥补各自的缺陷，并实现良好的治理。20 世纪 80 年代以来，西方国家在纠正市场失灵和政府失灵的基础上提出了治理和善治的概念，其本质在于协调政府、市场、社会三者之间的关系，促进合作。治理的本质就在于政府、市场和社会等多元

---

① 王世靓：《论志愿失灵及其治理之道》，《山东行政学院山东省经济管理干部学院学报》2005 年第 2 期。

主体基于共同的目标协作运转，以实现共同的目标。

多元协同合作供给是指"在某个公共服务的范畴内，由政府部门、市场主体、社会组织等主体，采用合同承包、特许经营、补助、凭单、志愿服务等多种供给形式，以相互协作的方式来为什么提供公共服务"①。多元主体协作可以有效整合政府、市场和社会的资源，对各主体结构和功能上的缺陷加以弥补；多元主体合作治理意味着组织过程互动化、组织结构扁平化、治理主体多元化。

多元主体的治理模式与传统模式主要具有以下三方面不同。第一，治理主体不同。多元主体的治理模式不再以政府为唯一的权力中心（虽然可能是一个最为权威的参与者），摒弃了政府管理的僵化和低效问题，通过构建多元主体的治理网络，实现政府与市场、社会等主体的共同治理。第二，治理目标不同。多元主体治理的目标不是为了实现社会控制，而是通过照顾全体成员以及弱势群体的利益，在提高治理效率的同时，能够有效维护社会公平。第三，治理方法不同。治理过程将不再依靠政府的绝对权威和单一资源，而是通过合作网络发挥各方力量，协调各方的利益，做好资源和信息的共享，从而促进多元主体共同参与社会公共事务，构建责任共担、利益共享的良性治理格局。②

有学者根据国家与社会这两股力量的相互影响状况，将政府

---

① 李蕊：《论公共服务供给中政府、市场、社会的多元协同合作》，《经贸法律评论》2019年第4期。

② 向德平、苏海：《"社会治理"的理论内涵和实践路径》，《新疆师范大学学报》（哲学社会科学版）2014年第6期。

与社会的合作关系区分为强政府—弱社会的全能控制模式（或政府主导模式）、强政府—强社会关系下合作共治模式以及弱政府—强社会关系的自治模式。该作者认为，当前我国处于强政府—弱社会背景下的政府主导模式，但政府主导模式易使其陷入具体的社区事务，相反，社会组织和居民将越来越缺少参与性和积极性。因此，发展一种民众积极参与的合作治理模式是我国社会未来发展的目标。[①]

在协作治理的过程中，各主体之间应该建立既相互独立又彼此依存的关系，公共部门的决策应考虑社会与经济效益，尊重社会组织的价值和参与权；同时各个主体之间应建立相互信任、相互尊重的合作关系。[②] 有学者将其概括为"竞争—合作主义"。[③] 在多元治理过程中，政府不一定直接生产公共服务，但政府可以通过规则的制定和监督开展工作，以良好的法律规范保障市场和社会的运行。市场应该积极承担社会责任，在发挥效率的竞争优势的同时，以高效的服务弥补政府自然垄断的不足。社会组织要充分发挥其社会资本的优势，在政府和市场无法触及的社区领域，积极反映民意，为辖区居民提供精准服务。

政府能够有效弥补市场和社会的结构和功能失灵。对于市场而言，政府可以通过制定相应的法规和政策以加强市场监管，规范市场运行；运用垄断的强制力解决负外部性问题；有效提供公

---

① 朱仁显、邬文英：《从网格管理到合作共治——转型期我国社区治理模式路径演进分析》，《厦门大学学报》（哲学社会科学版）2014 年第 1 期。

② 吴春梅、翟军亮：《变迁中的公共服务供给方式与权力结构》，《江汉论坛》2012 年第 12 期。

③ 徐勇：《治理转型与竞争——合作主义》，《开放时代》2001 年第 7 期。

共产品；并且通过建立相关的平台和渠道，促进决策信息的流通。对社会组织而言，国内学者将政府与社会组织的合作关系分为协同增效、服务替代和拾遗补阙三种，认为政府可以通过与社会之间相互嵌入，对社会组织的服务进行补足，社会组织主要通过接受政府的服务外包，来代替政府提供社会服务，以便于减少政府的财政压力，发挥社会的自发性优势。[①] 社会组织的发展意味着政府权力的下放和社会政治参与性的增强，这正是"善治"的重要含义，即建立和形成政府与社会组织的协作关系，有利于形成公正、透明、高度回应性的政治体制。[②]

四 政府的元治理角色

多元主体的协作并不能自发形成，这种良性互动模式本身需要在一定的前提条件下和适当的环境中才能实现。在协作治理过程中，与市场和社会不同的是，政府还扮演着"元治理"的重要角色。

"元治理"（meta-governance）的概念最早由鲍勃·杰索普提出，他从自组织在治理中的地位和作用视角出发，以治理的失败引出了"元治理"的概念。元治理是政府通过"设计机构制度、提出远景构想，促进各个领域的自组织相互协调"的一种制度或战略。[③] 政府是元治理的主体，不再是最高的权威，而是多元系

---

① 汪锦军：《公共服务中的政府与非营利组织合作：三种模式分析》，《中国行政管理》2009 年第 10 期。

② 俞可平、王颖：《公民社会的兴起与政府善治》，《中国改革》2001 年第 6 期。

③ 〔英〕鲍勃·杰索普：《治理的兴起及其失败的风险：以经济发展为例的论述》，漆燕译，《国际社会科学杂志》（中文版）1999 年第 1 期。

统中的组成部分，它发挥着设定规章制度的重要作用，以保障社会机制的完整，构建参与型网络，协调各主体利益，使得社会治理能够稳定发展。

治理失灵是指由于种种原因，各参与者之间不能形成有效合作，因而不能实现共同目标的现象。对于治理失灵的问题的解决方案，学者们普遍认为需要一个元治理者管理网络、提供制度、协调合作。鲍勃·杰索普认为元治理是"治理的治理"，在元治理过程中，各角色主体的地位和功能发生了变化，其中最明显的特征是"政府和市场握手言和"，市场竞争通过合作来平衡，市场是国家多元主体中的参与者之一，共同受到规则的约束；治理的主要方式是多中心谈判而非单方面指挥或竞争，治理是维系合作的关键。在异质性的协作网络中，政府作为元治理的主体，通过监管秩序来实现共同目标。元治理的重点在于政府发挥主导权，主动协调治理网络中的复杂性和矛盾性，使得市场、等级制度等网络能够合理融合，解决单一主体治理失灵的问题。①

我国学者对政府"元治理"的研究主要包括以下几个方面。一是对政府"元治理"概念的界定。国内学者认为，"元治理"是政府为市场、社会的合作模式提供条件，弥补单纯的市场治理和社会网络治理的失灵，促进多元主体合作解决社会公共问题。②政府应为多元主体的混合模式提供规则，并充当"上诉法庭"，

---

① 〔英〕鲍勃·杰索普：《治理与元治理：必要的反思性、必要的多样性和必要的反讽性》，程浩译，《国外理论动态》2014年第5期。

② 唐任伍、李澄：《元治理视阈下中国环境治理的策略选择》，《中国人口·资源与环境》2014年第2期。

发挥"最后一招"的作用，维护好三种模式的协同混合，强调"元治理"对社会治理失灵的维系和纠正作用。

二是纵向与横向的对比分析。一方面，部分学者将元治理模式与其他治理模式进行纵向对比，分析元治理模式与其他治理模式的差异与联系，即通过对社会治理的三种模式加以区分，对科层（政府）治理模式、市场治理模式和网络治理模式之间的利弊进行分析，并认为政府的元治理模式可以有效调节三种失灵之间的矛盾，促进社会合作的有效进行。① 现有的治理模式存在主体与目标的多元化、权利和责任边界的模糊性等问题，容易引发权利冲突，导致问责困境。因此，需要构建政府主导的治理模式，促进政府职能的转变和服务型政府的构建。另一方面，学者们通过对治理相关的概念进行区分和界定，分析元治理与其他治理概念的横向关系。通过对善治、全球治理、多层次治理、互动治理等概念进行辨析，认为元治理更加强调政府机构的主动性和分权机制，是一种提升政府能力的后科层制变革。②

三是将元治理理论与我国的治理环境相结合，通过元治理的视角研究服务型政府的建设。有关学者结合了我国服务型政府转型的现实情况来研究政府"元治理"模式与转变政府职能、建设服务型政府之间的关系。现有研究认为需要确立政府在社会治理体系中的主导地位，同时促进公民社会发展，政府应加强信息公

---

① 熊节春、陶学荣：《公共事务管理中政府"元治理"的内涵及其启示》，《江西社会科学》2011 年第 8 期。
② 臧雷振：《治理类型的多样性演化与比较——求索国家治理逻辑》，《公共管理学报》2011 年第 4 期。

开，并作为社会利益的"平衡器"，通过向利益弱势方倾斜，达到保护弱势群体利益的效果。① 同时，有关学者也提出了强化元治理的相应措施，比如要加强相关法律和制度建设，保障政府职能的顺利履行；要坚持市场在资源配置中的决定性作用，为市场发展提供良好的外部环境等。

四是将"元治理"理论用于不同的公共事务领域，探讨政府如何发挥元治理作用。比如，在环境治理方面，由于环境问题的复杂性，单一主体无法进行全面治理，需要多元主体协同，并发挥政府的元治理作用。李澄认为，解决中国的环境问题需要加强政府的制度设计、促进政府与社会的协同合作、加强监管三方面来实施。② 在贫困问题治理方面，杨婷认为，需要通过重构贫困治理能力，加强制度整合能力、差异辅助能力、协同共振能力、预见发展能力，来实现贫困问题的有效治理。③ 在过渡型社区治理方面，学者们通过对过渡型社区的概念进行界定，认为过渡型社区的治理需要发挥地方政府的责任主体作用，加强党建引领，驱动区民、村民协作。④

综合以上学者的观点，我们认为政府的元治理作用主要体现在以下几个方面。第一，在战略层面上，为多元主体合作提供愿景。第二，在制度层面上，为共同合作提供机制，建立治理网络，

---

① 丁冬汉：《从"元治理"理论视角构建服务型政府》，《海南大学学报》（人文社会科学版）2010年第5期。
② 李澄：《元治理理论与环境治理》，《管理观察》2015年第24期。
③ 杨婷：《元治理视阈下贫困治理能力生成机制研究》，《贵州社会科学》2018年第11期。
④ 王杨：《治理转型何以可能："过渡型社区"的"过渡"逻辑——对"村居并行"治理模式的案例研究》，《中国农业大学学报》（社会科学版）2020年第4期。

使各主体能够保持独立性基础上的稳定联系。第三，利益协调者，充当"上诉法院"，平衡各主体的利益冲突，加强系统整合和凝聚力。第四，政府作为网络经理（网络指挥者）角色，提供信息并进行整体规划，对整体合作系统进行经营，利用改变机构设计和促进型领导的方式构建更完整的协作治理理论。第五，合作参与者，政府由统治和指挥职能转为参与和管理职能，以"合作参与者的身份"提供市场或社会无法提供的公共服务。

五　棚户区改造

由于本项目所研究的对象与国家政策目标高度重合，而在近十年来，国家多项有关棚户区的政策对棚户区的概念、分类有明确的界定。因此，本研究在使用棚户区这个概念时，与中央和地方政府文件保持一致。

中央文件中区分了以下四类棚户区。一是城市棚户区。城市棚户区又可以分为两种子类型。一种是"城中村"。快速城市化是城中村形成的根本原因，一般来说都存在土地产权不明、规划不科学、修建质量低下、公共服务水平低等问题。另一种是城市中的"危旧房"，其原因主要是建筑标准不高、房屋"年久失修"，一般也存在公共设施差、安全隐患较大的问题。二是国有工厂、矿场棚户区。新中国成立后，为发展工业，我国绝大多数国有工厂、矿场单位都有自己修建的工人居住点，如职工宿舍。这类宿舍也都存在修建标准低、设施简陋、空间小等特点，通常被称为"筒子楼"。三是归属于原国有林场的房屋，此类房屋简陋、抵抗灾害的能力弱，随林场的位置分散而建，缺少基本生活

设施。四是国有垦区危房。① 中央文件规定，如果国家经营的农
垦地区被认定为在国家开发经营农业垦殖的地区中，如果符合 C
级或 D 级标准②或是被地方政府部门认定为"危房"，也应该被纳
入改造范围之内。本研究认为，第一类城市棚户区和第二类国有
企业在城市修建的集体宿舍，是我国棚户区改造的主要类型，其
分布范围更广，改造过程所体现出来的实践和理论意义也更加丰
富，因而是本研究关注的重点。

2020 年是我国大规模棚户区改造的"收官之年"。多年的棚
户区改造历程不仅促进了我国社会民生领域的长足进步，在棚户
区改造中涌现出的政府、市场与社会多方协作的改造模式对探索
和加快形成具有中国特色的社会治理体系也具有重要的借鉴意义。

中央政府历来重视对棚户区的改造，将其视为社会领域中保
障和改善民生的重要举措。从 2005 年在辽宁等地启动大规模棚户
区改造行动以来，棚改工程在全国稳步实施，实现了 1 亿多人
"出棚进楼"，充分展现了党中央和国务院对民生的重视。毫无疑
问，政府是推动棚改工程的重要主体；但棚户区改造还涉及棚户
区居民、社会组织、开发商、棚户区所属单位、银行等多个主体，
利益关系十分复杂；棚户区改造成本较高，资金需求较大，需要
汇集各方面资源；棚户区改造环节众多，对经济、社会等各个方

---

① 此处分类主要按照国务院《关于加快棚户区改造工作的意见》（国发〔2013〕25 号）
的标准划分。笔者综合了各项研究成果，以国务院分类为基础，对各类棚户区作了以下
描述。
② 《危险房屋鉴定标准》中规定，C 级：部分承重结构不能满足正常使用要求，局部出现
险情，构成局部危房；D 级：承重结构已不能满足正常使用要求，房屋整体出现险情，
构成整幢危房。

面都会带来重大的影响。为了全方位推动棚改顺利进行，中央政府制定的各项政策多强调系统性，引导各项政策措施相互配合，形成完整的政策导向、明确的政策目标和路径约束，以此推动全国范围内的棚户区改造工作。

在国外，都市村庄、老旧城区、贫民窟的改造研究与本研究主题较为接近。在现实中，国外与我国"棚户区"最为接近的说法是"贫民窟"（slum），又称"贫民区"。进入 20 世纪以来，西方各国都相继开展了贫民窟治理工作。学者们对于如何消除贫民窟现象提出了两种不同的解决方案：一种是政府主导模式，另一种是多主体模式。前者是指政府完全主导贫民窟改造过程的模式，后者则是指政府作为引导者和平台搭建者，各主体合作参与的公私合作模式。Greg O'Hare 等认为在贫民窟的治理中，政府应该发挥主导作用，通过贫民窟清除、新住宅建设等措施推进房屋供给政策的落实；[①] Werlin 认为在贫民窟治理中，强有力的政府是不可或缺的，但也应结合市场的力量来推动改造；[②] Jan Nijman 提出政府在老旧城区的改造中发挥着重要的作用，不能完全由市场主导，否则可能会引发棘手的社会问题；[③] Vinit Mukhija 提出，要解决贫民窟及其存在的社会问题，需要政府大量投资、赋权于市场和社会、降低管制水平等条件，在社会力量发展不充分的前提下，

① Greg O'Hare, Dina Abbott and Michael Barke, "A Review of Slum Housing Policies in Mumbai," *Cities*, Vol. 15 (4), pp. 269-283, 1998.

② Werlin H., "The Community: Master or Client? A Review of the Literature," *Public Administration and Development* (1986-1998), Vol. 9 (4), p. 447, 1989.

③ Jan Nijman, "Against the Odds: Slum Rehabilitation in Neoliberal Mumbai," *Cities*, Vol. 25 (2), pp. 73-75, 2008.

政府应该发挥更积极的作用。① Yok-Shiu 等学者认为要治理贫民窟问题，必须发挥社会中介机构的力量，加强社区的自我改造能力。② Shayer Ghafur 发现孟加拉国的阶级体系和官僚体系造成贫民窟居民对于政府存在着极度依赖的现象，从而使得其无法自主地维护自身利益；③ Gasparre 认为居民才是贫民窟改造的真正角色，政府应该为民众在改造中发挥作用提供有利的政策条件。④

不管贫民窟改造采用何种模式，政府都具有不可推卸的责任，从多个国家对贫民窟改造的政策路径也可以看到这一点。如英国、美国、德国等国家规定了政府应该在贫民窟改造中承担完善保障住房的法律体系、进行公共住房建设和供应、发放房租补贴等方面的责任。作为一项浩大的社会工程，国内的棚户区改造与国外的老旧小区、贫民窟治理面临共同的挑战，因而国外相关研究对我国棚户区改造具有一定的借鉴意义。

在我国，城市棚户区改造是中央为了解决低收入群体住房困难、改善民生、促进社会和谐与公平正义而提出的一项重大民生工程。国内关于棚户区改造的研究多以"问题—对策"为核心逻

① Vinit Mukhija, "Enabling Slum Redevelopment in Mumbai: Policy Paradox in Practice," *Housing Studies*, Vol. 16 (6), pp. 791-806, 2001.
② Yok-Shiu F., Lee, "Intermediary Institutions, Community Organizations, and Urban Environmental Management: The Case of Three Bangkok Slums," *World Development*, Vol. 26 (6). pp. 993-1011, 1998.
③ Shayer Ghafur, "Entitlement to Patronage: Social Construction of Household Claims on Slum Improvement Project, Bangladesh," *Habitat International*, Vol. 24 (3). pp. 261-278, 2000.
④ Angelo Gasparre, "Emerging Networks of Organized Urban Poor: Restructuring the Engagement with Government Toward the Inclusion of the Excluded," *VOLUNTAS: International Journal of Voluntary and Nonprofit Organizations*, Vol. 22 (4), pp. 779-810, 2011.

辑。董丽晶和张平宇认为，对于棚户区改造出现的安置困难、就业困难问题，政府应该坚持以人为本，注意物质和社会空间的结合，有组织地解决居民的就业和生活问题。① 郑文升和丁四保等人研究东北地区资源型城市棚户区改造，认为政府要通过采用灵活适用的改造模式、扩大贫困居民救助的地区援助、支持资源型城市增强自生能力等措施来塑造反贫困的条件与环境。② 张丽萍对棚户区的模式和现状进行总结后认为，利益分配、拆迁补偿和棚改资金是最容易出现问题的环节，并据此提出了政策建议。③ 楚德江认为对于棚户区改造所出现的动员困难问题，政府应该建立强有力的领导组织体系，提供多样化的安置方案以推进棚户区改造的进行。④ 一部分学者关注到棚户区改造过程中的利益博弈与机制设计问题，提出政府应该作为利益博弈的协调者并引导建立规范的利益协调机制。例如，王大伟和蒲静提出应建立一个公开的利益博弈机制，将棚户区居民的意见纳入棚户区改造的决策过程中来。⑤ 还有学者关注到棚户区改造涉及社会稳定和谐问题，因此，提出拆迁应基于人文关怀思想，如孙艳秋针对大安市棚改拆迁问题展开研究，主张政府应该着重保护棚户区居民的合法利

---

① 董丽晶、张平宇：《城市再生视野下的棚户区改造实践问题》，《地域研究与开发》2008年第3期。
② 郑文升、丁四保、王晓芳、李铁滨：《中国东北地区资源型城市棚户区改造与反贫困研究》，《地理科学》2008年第2期。
③ 张丽萍：《我国城市棚户区改造存在的问题与对策分析》，《中国新技术新产品》2009年第8期。
④ 楚德江：《我国城市棚户区改造的困境与出路——以徐州棚户区改造的经验为例》，《理论导刊》2011年第3期。
⑤ 王大伟、蒲静：《对有效推进城市棚户区改造的思考》，《桂林航天工业高等专科学校学报》2011年第16期。

益，规范拆迁程序，完善补偿政策，从而减少拆迁过程中的矛盾纠纷。① 此外，国内有部分学者重点研究了地方棚户区改造的不同模式。廖清成、冯志峰等人介绍了南昌市棚户区改造中融资模式："1+6+X"模式。② 李莉对比了国内城市中的几种典型做法，提出了加快棚户区改造的建议。③

总体来看，学者们对棚户区改造开展了较为丰富的研究。虽然以上研究是从不同角度出发探讨棚户区改造的有关问题，但都涉及了棚户区改造中各参与者及其行为，棚户区改造中的不同行为主体，由于其利益出发点不同，其行为模式也不一样，各行为主体在棚户区改造中的行为以及所承担的责任大小对棚户区改造过程有重要的影响。

六　文献述评

综观现有文献，虽然不同学者对治理理论有不同的阐释，但他们对治理的界定普遍包括以下几方面特征。一是主体的多样性。在现代社会，公共事务的治理单凭任何一方面都难以完成，多方主体社会公共事务的治理由政府、市场组织、社会组织和居民等多元主体共同参与解决是一个必然的过程。二是治理是多元主体利益协调的过程。主体之间通过协商化解矛盾，并通过相互依赖形成一定的利益分配和信任机制。三是治理的最终目的是实现公

---

① 孙艳秋：《以人为本：中小城市棚户区改造的实践与思考——以大安市棚户区改造拆迁工作为例》，《长春理工大学学报》（社会科学版）2009年第2期。
② 廖清成、冯志峰、许立：《南昌市破解"棚改"融资难题的实践与创新思考》，《中共南昌市委党校学报》2015年第1期。
③ 李莉：《加快棚户区改造的思考》，《宏观经济管理》2014年第9期。

共利益最大化。社会主体在保持独立性的基础上开展合作，合力解决社会问题，形成资源和信息的共享。

学者们对政府的研究主要集中在政府如何纠正市场失灵和社会失灵，为社会提供良好的社会服务上。但由于政府自身的原因，也会存在治理失灵的问题。解决政府失灵，学者们提出了一系列解决措施，主要体现在缩减政府权力、建立完善的市场经济，或者通过完善官僚制来促进政府的内部完善。而通过其他主体的参与来弥补政府治理的不足，则是近年来学术研究和实践的一个重要方向。

学者们普遍认为市场是最具效率的一种资源配置方式，但也会存在市场失灵的问题。学者基于市场自身的弊端或市场之外的影响因素两方面来分析市场失灵的原因和表现，并认为不成熟的市场机制以及市场逻辑本身的问题是导致市场失灵的主要原因。通过政府干预的方式能够较好地解决市场失灵问题，也即通过政府干预弥补市场的不足，从而实现社会资源的良好配置。

社会组织及居民团体在自组织以解决公共问题上有着自身的优势和资源，但也面临很多困难和不足。就我国而言，社会组织和居民团体作为参与治理的主体，具有其他主体不可比拟的优势。比如，由于更接近或处于社会基层，拥有更加充分的信息；对社会问题和社会需求反应更加敏捷；由于互助性和公益性，对财政资金的依赖程度更小；等等。但社会组织的服务范围较小、能力弱、资源有限，因而目前社会治理只能作为整个社会治理的补充环节。① 因此，应加强制度建设和政策规划，发挥我国社会组织"最后一公里"的作用，为社会组织和广大民众参与社会治理提供合适的土壤。

为了实现有效的社会治理，学者们认为政府应发挥"元治理"职能。国外学者主要是通过对"元治理"的相关概念进行界定，来分析政府在元治理的过程中应尽的职能，主要集中在战略层面、制度层面和网络参与者方面。国内学者对元治理的研究主要倾向于结合我国社会治理模式的发展和服务型政府的建设，认为政府的元治理模式可以弥补市场、社会和网络治理模式的不足，发挥政府机构的主导性，促进社会的利益调和与价值协同，实现多元主体的有效合作。应该说，学术界对现阶段我国应如何处理治理网络中存在的种种问题，发挥政府元治理职能的研究还相对不足，并且缺乏实证经验支撑。因此，在实现社会协作治理的过程中，我们还应加入具体案例的研究分析，根据我国的实际情况对相应的概念进行修改，完善具有中国特色的政府元治理和社会协作治理理论。

结合学者的分析我们认为，政府、市场和社会作为社会治理的主体，各有其优势和不足。伴随着社会的发展和政府职能的扩张，面对日益复杂的社会问题，单一主体将显得越来越力不从心，因而多主体协作治理将是必然的选择。多主体在合作中互相补充、互相配合，以提高社会服务的质量和效益，最终实现多方共赢。由此我们构建了多元主体协作治理模型，在此模型下，政府作为

① 陈庆云：《公共政策分析》，北京大学出版社，2011。

元治理主体，主要利用其强大的资源动员能力、规则制定能力，塑造愿景，制定规划，提供基本规则，协调各主体关系，进行协作网络的经营管理，并作为协作治理的一方提供财政资金、出台公共政策。市场对政府政策做出回应，与社会进行资源共享和议价协商，共同提供公共服务。社会组织对公民需求做出回应，并以社会力量为政府提供支持，及时感知社会现状，代表民意与市场进行议价协商。政府发挥"元治理"职能，主动对治理网络的问题进行弥补，通过与各部门进行协商合作，最终实现从公民响应到政府与公民通力合作，使公民参与协作治理，达成协作主体之间的整合。

棚户区改造是中国近 20 年来一项极为引人瞩目的社会公共事务治理实践。在近十年的实践中，涌现了许多与以往的城市拆迁颇为不同的案例和模式。这些丰富的实践，从某种意义上说，代表了中国社会治理取向的重大转折——从政府的大包大揽，到退回到"有限政府"的位置，尊重其他主体的力量和利益。一种良性的社会治理模式正在形成，棚户区改造实践正好是我们观察和研究社会治理转型的良好案例。

第三节　研究目标

本研究的主要目标可以分为理论目标和实践目标两个方面。在理论方面，通过分析社会公共事务治理中政府、市场和社会各主体之间的关系，搭建理论分析框架，本研究将探讨在新的治理框架下各主体参与合作共治的方式，为建构具有中国特色的多元治理模式提供理论依据。在实践方面，本研究将深入分析我国现有棚户区改造的实践经验，以成都市金牛区曹家巷棚户区改造为主要案例，并结合其他各省市的棚户区改造经验进行综合分析，探讨城市棚户区改造中各参与者协作的基本内容、特征，对多主体协作模式的效果进行评价，对未来改善社会公共事务治理的多元协作模式以及政府的责任提出政策建议。

具体而言，本项目的研究目标可以分为以下几个方面。

（1）分析框架的建构。在对政府、市场及社会三者在不同治理模式下的角色进行分析的基础上，综合已有文献，对其各自的资源与权力、利益与责任、失灵与解决之道进行分析，最终提出公共事务中多元主体的协作治理分析框架，并分别探讨政府、市场与社会在治理模式下如何进行优势互补，共同合作。

（2）棚户区改造研究。通过纵向对比，了解不同时期棚户区改造的模式，明晰政府在其中的作用，并分析其改革原因和改革效果，同时进行横向对比，以曹家巷自治改造为主要案例，考察其他地区棚户区改造的主要模式，对比其改革方式、运行机制和改革成效。

（3）政策研究。在实证研究的基础上，提出各参与主体尤其是政府构建和完善棚户区改造的多元治理模式的责任和实现路径。

（4）拓展研究。在实证研究的基础之上，分析棚户区改造中的多元协作治理模式对于社会公共事务的典型意义。更进一步，本研究将讨论政府在构建多元参与格局中的元治理角色和实现路径。

第四节　研究思路

当前我国社会公共事务的治理理念和模式处于转型时期，公共事务治理迫切需要建立一种多元参与格局。由于传统体制的约束，新的治理模式的建立将是一个缓慢和艰难的过程，在新的社会治理模式形成的过程中，政府无疑将发挥核心作用。

通过文献回顾，本书将从规范层面进行研究，寻求理论生长点，再结合实证研究进行规范和调整。棚户区改造是我国城市改造工作中的重要内容，在棚户区改造中出现的多元治理模式，较以往的治理模式有很大的改变，其产生原因、运行机制、成效成果值得研究。同时，通过对棚户区改造的多元治理模式的研究，也能从实证层面回答多元治理模式的运行机制、形成的背景和动因，地方政府在其中扮演的角色以及地方政府所承担的责任。从实证研究上升到一般研究。在阐明棚户区改造中多元主体协作实践的典型意义之后，可以从理论层面回答多元治理模式的运行机制问题、社会事务治理模式创新之处以及政府在构建多元社会治理中的责任和实现路径等关键问题。整个研究遵循从理论到实证再到理论、从宏观到微观再到宏观的思路，对棚户区改造、社会公共事务多元治理模式的构建以及政府在其中所扮演的角色和所承担的责任做一定的探讨。研究思路如图 1-1 所示。

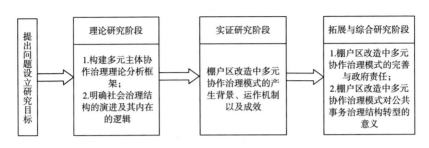

图 1-1 研究思路

第五节 研究方法

本研究将搜集和分析与棚户区改造、多元治理相关的基本文献，重要案例和数据材料，通过对文献资料的梳理来整理相关领域的基本学术脉络，寻找本研究的理论生长点，同时通过对既有经验材料的掌握来建立对研究主题基本的实感。棚户区改造的多元治理模式已经在许多城市实施。课题组将在现有实证研究的基础上，拓展新的联系点，针对拆迁户开展深入访谈，以更加深入地了解各地棚户区改造的多元治理模式的效果。为了深入翔实地观察棚户区改造多元治理模式的产生动因和运作机制，研究者在四川、陕西、河北、云南、浙江等多地进行实地调研并选取典型案例，分析各地棚改中多元主体运作的现状、产生的动因及其效果，其中将选择四川省成都市曹家巷棚户区改造案例作为重点研究对象。本课题将采用访谈法和描述法，获得棚户区改造中的多元治理机制在现实实践中呈现的资料。

第二章
多元主体协作治理的理论分析框架

　　2013年底召开的党的十八届三中全会将"发展和完善中国特色社会主义制度，推进国家治理体系和治理能力现代化"作为未来全面深化改革的总目标。社会治理体系是国家治理体系的重要组成部分，国家治理能力的现代化离不开社会治理能力的现代化。当前中国的社会治理模式正处于转型阶段，社会治理由单一的政府主导向政府、市场、社会等多元主体相互协作的方向转变，具有中国特色的多元主体协作治理模式在实践中不断创新和完善。多元主体协作治理模式是基于20世纪80年代以来西方国家在对市场、政府双重失灵进行纠错后提出的"治理"与"良好的治理"（善治）相关理念的基础上结合社会实践而形成的。多元治理正是要求多个治理主体（主要是政府、市场和社会三者）相互合作，在治理的过程中实现资源共享、信息共通、权力互赖、责任共担，进而解决诸如城市棚户区改造这类公共事务中的复杂问题。这种多元治理模式，是国家和社会在转型时期的现实需求，从某种意义上来说，它反映了我国社会治理实践发展的某些趋势和规律，对于推进我国社会治理模式的创新，不断提升社会治理能力，最终实现社会治理现代化具有重要意义。

随着社会的不断发展，民众权利意识的提升，单一治理主体主导的社会治理模式已经不符合社会发展的需求。像城市棚户区改造之类的涉及公共利益和集体共同行动的问题日益呈现出矛盾冲突复杂化、利益诉求多元化的特征，单一治理主体已经很难掌握解决此类问题所需的全部资源、信息以及相应的治理工具。由此，治理主体之间的合作成为时代的呼唤。在中国棚户区改造的实践历程中，政府（包括一些公共组织和部门）、市场（主要是企业和各种私人组织的代表）、社会（包括非营利组织、社区组织等各种社会组织以及辖区居民）三者都有各自的治理逻辑，有独特的资源、信息渠道、利益关注点。在新的时代背景下，三者只有有效合作，才能促进棚户区改造的顺利完成。下面，我们将对政府、市场以及社会各自所掌握的资源与权力、各自的利益诉求与应当承担的责任进行探讨，进而说明单一主体进行治理存在的不足之处以及相应的应对策略，最后通过以上分析构建城市棚户区改造的多元主体协作治理的理论分析框架。

第一节　权力与资源

政府、市场和社会是三个具有一定独立性却又相互影响的系统，三者共同构成了现代社会的结构性基础，正如俞可平提到的"现代社会的结构性基础就是政府系统、市场系统和公民社会系统的分化"①。作为相对独立的领域，政府、市场以及社会都有着独特的权力与资源，这些在一定程度上形成了上述主体在解决社会治理问题时的独特优势。

一 政府的权力与资源

政府是国家统治以及社会治理的主体，其特点是自上而下的科层制组织，具有明显的垂直化命令链条特点。作为社会治理的权威主体，党和政府的资源对治理过程具有绝对重要的地位。在棚户区改造的实践中，政府对权力的合法垄断、居于治理网络中心的地位、充足的财政资金等因素的综合影响构成了政府独有的权力和资源。

（一）对权力的合法垄断

马克斯·韦伯将国家定义为一个"拥有合法使用暴力的垄断地位"的实体，② 政府区别于市场和社会的最独特的资源在于对权力的合法垄断。广义上的政府拥有立法、行政与司法权力，狭义上的政府作为行政主体也依法享有行政权力。③ 由于政府所拥有的权力具有强制性和排他性，④ 政府对于社会治理的各参与主体、社会治理的各个环节和层面都产生着重要的影响。英国学者迈克尔·曼将这种影响归纳为政府的专制权力和基础权力的运用。专

---

① 俞可平：《走向国家治理现代化——论中国改革开放后的国家、市场与社会关系》，《当代世界》2014 年第 10 期。
② 〔德〕马克斯·韦伯：《新教伦理与资本主义精神》，袁志英译，上海译文出版社，2018。
③ 竺乾威：《公共行政理论》，复旦大学出版社，2008。
④ 孙关宏、胡雨春、任军锋：《政治学概论》（第 2 版），复旦大学出版社，2008。

制权力即国家无须与社会中的各个集团进行制度化协商谈判就可采取行动，具有超越于社会之上的权力，而基础权力则是国家通过自身的基本结构渗透并集中协调市场和社会活动的权力。[①] 政府对权力的合法垄断使得政府在社会治理中处于中心地位，能够迅速有效地动员各方，在最短时间内最大限度地利用一切资源解决棚户区改造的问题。此外，对权力的合法垄断意味着政府具有以强制力为后盾的统治地位和政治权威，能够使用各种制度规定和手段，甚至合法使用暴力手段解决棚户区改造中出现的问题，对背离社会治理目标的行为进行约束，以维护社会秩序和公共利益。

（二）政策资源

政府凭借政策制定者和执行者的身份参与社会治理，这构成了政府极为重要的资源。陈庆云认为公共政策是政府在对各种利益进行选择、整合后，为增进与公平分配社会利益所制定的行为准则。[②] 政府作为公共政策的制定主体，不仅能够有效利用政策资源调节利益在各个社会治理主体间的分配，还能凭借其强大的权力与严密的层级体系，实现政策层层传递与执行。以城市棚户区改造为例，在其中的任意一个环节，政府都能够凭借其强大的政治权力垄断地位、政策制定能力和资源调配能力来影响棚户区改造的进程。自 2009 年住房和城乡建设部出台第一份全面的关于棚户区改造的意见以来，[③] 国家层面陆续发布十余份相关文件，

---

① 〔英〕迈克尔·曼：《社会权力的来源》（第四卷），刘北成、李少军译，上海人民出版社，2018。
② 陈庆云：《公共政策分析》，北京大学出版社，2011。
③ 《关于推进城市和国有工矿棚户区改造工作的指导意见》（建保〔2009〕295 号）。

就各阶段全国棚户区改造的意义、目标、任务落实、保障措施等提供了相应的政策规范和指导，各地方政府纷纷出台相应的实施方案，以保证城市棚户区改造工作的顺利推进。

（三）财政资金

政府对公共事务的治理以强大的财政资金作为后盾，充足的资金支持保障了政府参与社会治理行动的稳定性与持久性。在棚户区改造工作中，政府通过下达专项资金，结合市场化运作模式，吸收企业融资以及社会资本投入，推动各地实施。城市棚户区改造作为一项保障和改善民生的重大举措，在启动之初需要大量的资金支持。而棚户区改造资金主要由国有平台公司向国家政策性银行进行贷款，政府会以购买服务的方式对这部分资金进行补贴；棚户区改造项目基础设施建设的资金有极大部分来源于各级财政的专项补助和配套资金。由此可见，政府是棚户区改造启动资金来源的主要承担者，为棚户区改造建设提供初期的资金支撑。

二　市场的权力与资源

市场经济是一种由市场来配置社会资源的经济运行方式。市场力量参与社会治理能够提高社会资源配置效率，提高治理效率。比较制度学家青木昌彦认为，市场治理是各种经济主体在市场上经过多次重复博弈形成的各方所一致遵循的规则的过程。[1] 市场在资源配置中起基础性作用到起决定性作用，[2] 这一官方理论的

---

① 〔日〕青木昌彦：《比较制度分析》，周黎安译，上海远东出版社，2001。

② 《中共中央关于全面深化改革若干重大问题的决定》，2013 年 11 月。

转变体现了党和国家对市场作用认识的进一步深化。市场凭借独特的资源和治理逻辑参与社会治理，不仅能够节约治理成本，增进社会福利和公平正义，还能扩大社会治理主体的范围，稳定市场秩序，体现治理目标的多元一体性。①

在棚户区改造的过程中，市场作为重要的主体之一参与改造全过程，其作用见于项目融资、工程建设施工等环节。市场运作有利于降低和稳定交易费用，规范交易秩序。② 市场参与治理也有其独特的治理逻辑和资源。

（一）资金支持

社会治理现代化水平与市场治理机制发育是否完善、运作是否充分密切相关。广泛借助市场作用来解决公共事务治理中的相关问题已经成为社会治理的重要趋势之一。如通过政府购买公共服务、与市场中的企业合作等方式，寻找并发现项目中蕴藏的公私合作的机会，吸引企业投入公共事务的治理活动中。企业通过与政府合作的方式参与公共事务治理，不仅体现了企业的社会责任感，还为公共事务治理提供了资金支持，实现治理项目融资多元化，减轻了政府的财政负担。全国的棚户区改造规模庞大，仅仅依靠政府的直接财政投入或政策性贷款是远远不够的，市场主体在资金投入上必定会扮演重要角色。

（二）多样化选择

市场在公共事务治理中的优势之一在于它能提供更加多样化的

---

① 周学荣、何平、李娟：《政府治理、市场治理、社会治理及其相互关系探讨》，《中国审计评论》2014 年第 1 期。

② 王刚：《从治理走向秩序——经济转型中的市场治理研究》，经济管理出版社，2010。

选择，提供成本更加低廉的方案，这是市场治理区别于政府治理和社会治理的显著优势。企业作为市场中的经济主体，会通过不断创新，提高公共产品和公共服务的供给水平，发现和填补公共服务的短板或空缺，并持续降低提供成本。市场中的企业数量庞大，同行业之间的利益竞争关系能够给公共事务治理方案提供更多选择。在具体的公共事务项目中，一般由市场向政府提供可供选择的潜在合作伙伴，这些企业向政府提供多种改造方案，再由政府和社会进行选择，多样化的方案扩大了相关主体选择的余地。

（三）专业人才和机构

亚当·斯密在《国富论》中提到分工的深化和演进有助于提高劳动生产率，促进专业化的发展，进而推动经济增长。[①] 劳动分工所带来的专业化的人才和机构是市场参与社会治理的重要优势之一。由市场参与社会问题的解决，会使得市场自发地为解决相应问题而匹配最合适的机构和人才，专业机构和人才的供应使得社会治理问题能够得到迅速解决，极大地提高治理效率，满足不同主体多样化的需求。

三　社会的权力与资源

社会组织或民众参与社会治理，是当今世界各个国家公共事务治理的趋势，他们在治理公共事务或者维护公共利益中发挥着越来越重要的作用。广义的社会治理是公共领域、私人领域以及第三领域的合作治理，包含了政府、企业以及社会三者的相互协

---

① 〔英〕亚当·斯密：《国富论》，郭亚男译，汕头大学出版社，2018。

作。从狭义上理解，社会参与治理作为一种新的公共事务治理模式，也被认为是迥异于政府和市场的第三种治理模式，[①] 是一种以信任关系为核心的治理机制。[②] 社会组织和民众之所以能够满足社会治理的需要，与其自身特点和优势是分不开的，可以将这部分资源归纳为社会民众所持有的"社会资本"。社会资本研究的集大成者罗伯特·帕特南将"社会资本"概念引入政治学领域，并将其定义为"诸如网络、信任和规范等这些被社会组织所包含的特征，它们会促进人们采取合作行为从而带来社会效率的提高"。[③] 强大的信息沟通能力、民间性、灵活性等特性使社会主体在参与治理时，其行为能延伸到政府和市场难以顾及的领域、层面和环节，从而填补政府治理和市场治理的空缺，并且可以取得更好的社会效应。

（一）强大的信息沟通能力

社会组织和民众参与社会治理以强大的信息沟通能力为后盾。以社会组织为例，它们能深入社会基层、贴近群众，在与民众互动的过程中，快速获得关于成员意见、需求和利益相关的信息，在民众之间搭建起沟通的桥梁。社会组织还能作为政府与社会之间信息沟通的桥梁。一方面，作为传达民情民意的纽带，它们整合民众意见去影响政府的决策和计划以使其更适应民众的需

① Walter Powell, "Neither Market Nor Hierarchy: Network Forms of Organization," *Research in Organizational Behavior*, Vol. 12, pp. 295-336, 1990.
② 童星：《论社会治理现代化》，《贵州民族大学学报》（哲学社会科学版）2014 年第 5 期。
③ 〔美〕罗伯特·帕特南：《使民主运转起来：现代意大利的公民传统》，王列、赖海榕译，江西人民出版社，2001。

要；另一方面，它们可以宣传和普及国家的法律和政策，教育和动员社会民众，切实保证政府与社会民众的信息沟通以及社会民众之间的信息沟通。

（二）民间性

由于社会参与主体包括各种社会组织、社区内的自组织等，它们不隶属于政府，虽受政府监管但能保持相对独立性所依赖的是广泛的民间力量，从事政府职能之外的社会事务，因此具有较强的民间性。这使得社会力量参与社会治理时具有相对独立的决策权和行为能力，能够进行自我管理，可以自己设定活动内容。同时能够维护弱势群体的利益，能够自下而上传输弱势群体的声音，有助于保证实现弱势群体的合法权利。社会主体凭借极强的民间性参与社会治理，使其能够获得最大程度的民众信任与支持，这些都构成了与政府和市场博弈过程中的有利条件。

（三）灵活性

政府对公共事务的治理往往遵循着严格的程序和步骤，市场参与治理也要遵循相应的规章制度，因而在面对非常庞杂无法预见的问题时，政府和市场的反应难免会有一定的滞后。而相对于前面二者来说，社会主体具有较强的灵活性与适应性，这构成其参与社会治理的独特优势。在面对突发性问题时，社会之所以能够很快做出反应，原因在于社会中的各类组织其本身就扎根于社会土壤之中，运作成本远低于政府，没有复杂的程序，加之组织活动方式与应对策略灵活多样，能够进行有效的动员与宣传，极大地提高了治理效率。

第二节　利益与责任

任何组织或行动者在运作中，背后都有相应的利益诉求，这是其参与社会治理的根本动因。利益与责任相辅相成、相互制约。承认和发现各种力量的正当利益，同时建立相应的问责机制，是确保多元协作治理体系平顺有效运转的关键。

一　政府的利益与责任

从政府组织的公共性角度来看，政府进行社会治理的主要目的是维护公共利益，进而实现其对权力垄断的合法性。在我国语境下，政府的行为更加突出以人民利益为导向的特征。我们认为，政府的利益与责任主要包括以下几个方面。

（一）政府的合法性地位与公共利益

追求合法性（legitimacy）地位是政府开展社会治理的根本动因。马克思·韦伯较早对合法性提出了经验性的定义，他认为"合法性是促使一些人服从某种命令的动机"①。这一观点认为政府进行统治和管理活动主要是为政治系统自身的正当性做说明。哈贝马斯更进一步阐释了这一观点，他从规范性角度认为合法性是指一种"值得被认可的政治秩序"，即强调合法性不仅是人们在心理层面的政治认同，而且是价值层面对政治秩序的肯定。②

---

① Max Weber, *Economy and Society*, ed. Guenther Roth and C. Wittich, University of California Press, 1868。

② Jurgen Harbermas, *Communication and the Evoltion Society*, Beacon Press, 1979.

　　无论从心理层面还是价值层面，政府构筑合法性都需要考虑公共利益和社会效益，维护人民利益，满足人民群众需求，获得群众的政治性支持。因而，获得政治合法性是维护政府利益，也是政府责任的核心。政府组织基于一定的委托—代理关系而创立，并对公众负责，因此，政府需要向社会提供公共服务，满足公民的利益诉求，从而获得民意支持，这是政府获得合法性的基础。俞可平提出了"善治"的概念，并认为其是"使公共利益最大化的过程"，体现了公共利益是政府活动的最终目的。为了实现"善治"，政府应该维护社会法制环境，并在开放透明的环境中，构建负责任的和具有回应性的政府，其本质上是公共权力向社会的回归。①

　　政府需要完成重要职能以获得统治合法性，其中包括纠正市场带来的偏差和问题。由于市场存在失灵的问题，政府承担着提供公共物品和公共服务的任务，负责解决市场带来的负外部性问题，负责收入和财富的再分配、市场秩序的维护和宏观经济的调控，从而实现有效的社会管理。政府应通过提供具有非竞争性和非排他性的公共物品，通过经济调节和行政等手段消除外部性，并通过行政规制等手段规范市场运行。同时，政府要运用多种手段促进社会公平，保障人民的最低生活水平，提高社会福利，营造良好的经济和社会环境。

　　此外，政府需要维护社会公正，回应人民诉求。中央及地方政府应促进社会整体发展，保障和改善民生。地方政府应加强其

———————

① 俞可平：《治理和善治引论》，《马克思主义与现实》1999 年第 5 期。

职能转型，强化社会职能和公共服务职能，实现经济、社会和公共服务等多项职能之间的合理平衡。① 地方政府应通过加强基础设施建设，完善公共服务供给机制，营造良好的社会环境，并加强就业、卫生、住房等方面的保障，维护和保障好人民的基本权益，促进社会的可持续发展。

（二）科层制逻辑与地方政府竞争

在合法性的基础之外，地方政府行为背后的利益和责任可以从政府内部纵向层级与地方政府横向之间两个方面进行探讨。

政府内部的上下级关系主要源于科层制的行为逻辑。科层制逻辑是指地方政府基于官僚组织的层级制关系所引发的一系列组织行为逻辑。② 基于科层制逻辑，地方政府在进行治理的过程中，主要受到上级政府命令的影响。

根据委托—代理理论，政府的权力来自人民，因此，政府作为代理人应凭借人民所赋予的权力而行事，完成委托任务，履行代理人责任。国内学者从政治学的视角，将政府的责任分为宪法责任、政治责任、行政责任和道德责任四个方面，③ 主要强调了政府在法律和制度层面所应承担的责任。地方政府的具体职能包括提供公共服务、基础设施建设、经济的宏观调控、生态保护等职能，通过为社会政治、经济等方面提供具体服务，实现其公共事务治理的目标。

---

① 周志忍：《新时期深化政府职能转变的几点思考》，《中国行政管理》2006 年第 10 期。
② Max Weber, *The Theory of Social and Economic Organization*, trans. Edith A. M. Henderson and Talcott Parsons, the Free Press, 1964.
③ 蔡放波：《论政府责任体系的构建》，《中国行政管理》2004 年第 4 期。

从地方政府间关系来看，地方政府的利益和责任受到了地方政府横向竞争关系的影响。以布坎南为代表的公共选择学派认为，政府机构作为"经济人"，会根据最有利于自己的方式行动，实现自身利益最大化。以官僚制为主要形式的政府机构趋向于浪费资源，导致公共支出规模过大和官僚机构的膨胀。同时，由于政府公共事务管理的定位，人们对政府需求的增加会导致政府规模的膨胀，需要通过政府职能的社会化，实现政府的权力下放，加快政府的职能转型，建设服务型政府。① 政府机构的行政人员也有其个人利益，由此可能导致政府官员的"寻租"行为，使得公共利益的目标被官员个人利益替代，影响政府行动的成效。

处于"纵向行政发包"制与"横向政治锦标赛"中的地方政府和官员，② 一方面受到来自上级的权威和压力，不得不采取各种手段完成上级指令；另一方面也面临着其他城市或地方的横向竞争。长期以来地方政府的考核主要以经济指标为主，即使到近年也保持较强的惯性，出现了片面追求经济发展等现象。而干部考核指标设置不当和相关的制度性缺陷，不能起到良性的政治激励作用，间接导致了很多"面子工程""形象工程"的出台，并引发了地方政府的形式主义和官员的政策执行偏差等问题。为了有效解决"压力型"体制所带来的负面效应，应促进政府与市场、社会进行合作，从而规范政府的权力运作，促进政治体制由

① 张康之：《限制政府规模的理念》，《行政论坛》2000 年第 4 期。
② 周黎安：《转型中国的地方政府：官员激励与治理》，格致出版社，2008。

管理向治理的转型。①

二　市场的利益与责任

市场在进行资源配置的过程中，主要是基于经济利益、遵从政府监管和承担社会责任作为行为动因的。

（一）经济利益

经济利益是企业主要的行为动因。市场治理的根本方式是在供求关系的基础上，根据价格变化来自发对买卖双方的数量进行调节，有效率地提供商品与服务并获得利润，其根本目的在于利润最大化。在经济利益的驱使下，市场可以精准匹配居民需求，并根据需求变化及时进行创新和调整产量。市场的经济利润动机带来了有效的市场竞争。比如，在棚户区改造过程中，企业为了获得土地开发所带来的商业利润，会主动参与棚户区改造，提供大量的资金以及更有竞争力的改造方案。

同时，市场竞争是效率的源泉。市场通过主体间的竞争以获得发展的动力，促进市场主体提高生产的数量和质量，市场在竞争的环境下得以高效运作。② 因此，市场需要在竞争的环境下运作，使得市场内的主体能够在同等的规则下进行公平竞争，这是促进市场经济发展的主要利益源泉。根据经济学相关理论，良性的市场竞争能够促进社会资源的有效配置，而在实践过程中，市

---

① 冉冉：《"压力型体制"下的政治激励与地方环境治理》，《经济社会体制比较》2013 年第 3 期。

② 熊节春、陶学荣：《公共事务管理中政府"元治理"的内涵及其启示》，《江西社会科学》2011 年第 8 期。

场经济只能保证机会公平，而不能保证结果公平，因而容易导致恶性竞争，出现市场失灵现象。因此，需要政府通过资源配置实现"市场外公平"，通过国家和社会措施的调节，保障市场竞争的有序进行。

（二）社会责任

市场的社会责任是指市场主体在提供公共产品和公共服务的过程中，主动承担各种社会责任的行为。市场的行动者是企业，因而通过对企业的社会责任进行分析，可以更好地理解市场所具有的社会责任问题。"企业社会责任"的概念最早由奥利弗·谢尔登（Oliver Sheldon）提出，并在之后被学者们广泛研究。学者们对企业的社会责任的定义具有较大分歧，但基本都认为企业的发展具有承担社会责任和获取经济利润的二元目标，并从社会本位的角度出发，对传统的股东利润最大化的理论进行了补充和完善。[①]

根据利益相关者的观点，除了经济责任之外，企业应当对股东之外的治理主体，如公民、社会和慈善等承担一定的社会责任，对公民和社会需求做出回应。根据企业的利益相关者理论，企业和各利益相关者之间具有"契约"关系，他们通过正式或非正式的制度规定了企业与各利益相关者之间的责任。因此，企业在经济活动的过程中，要维护利益相关者的权益，企业为社会创造价值的过程，也是提升自身价值的过程。根据徐尚昆等人的归纳，企业社会责任的维度包括法律责任、环境保护、社会慈善事业、

---

① 〔英〕奥利弗·谢尔登：《管理哲学》，刘敬鲁译，商务印书馆，2013。

员工发展、就业、商业道德、社会稳定和进步等内容。企业的社会责任作为企业发展和社会稳定不可缺少的一部分，具有重要价值。[1] 因此，应建立良好的企业责任规范，增强企业的社会责任意识，并完善相应的法律制度，加强政府和其他利益相关者对企业的监管，完善企业的社会治理机制。[2]

三　社会的利益与责任

党的十九大报告强调，应将社会治理重心向基层下移，充分发挥社会组织作用，实现政府治理和社会调节、居民自治良性互动。[3] 各种社会力量作为社会治理的重要主体，最能够体现"社会治理"的内涵，即民众和社会组织积极参与到公共事务的治理过程中，与政府和市场进行互动合作。[4] 社会参与治理的主体为普通民众和社会组织，他们基于一定的利益和责任而行动。社会力量主要通过自治和互助两种方式来参与社会治理。其中，普通民众主要通过积极参与政策的制定和执行过程来影响公共服务的提供，并通过自治方式进行自主管理。社会组织主要是通过志愿性行为或非营利性行为向社会提供公共服务的。[5] 具体而言，社会参与主体的利益和责任主要包括以下两个方面。

---

[1] 徐尚昆、杨汝岱：《企业社会责任概念范畴的归纳性分析》，《中国工业经济》2007 年第 5 期。

[2] 张兆国、梁志钢、尹开国：《利益相关者视角下企业社会责任问题研究》，《中国软科学》2012 年第 2 期。

[3] 习近平：《决胜全面建成小康社会 夺取新时代中国特色社会主义伟大胜利——在中国共产党第十九次全国代表大会上的报告》，2017 年 10 月 10 日。

[4] 夏建中：《治理理论的特点与社区治理研究》，《黑龙江社会科学》2010 年第 2 期。

[5] 俞可平：《中国公民社会：概念、分类与制度环境》，《中国社会科学》2006 年第 1 期。

（一）民众偏好与志愿性

社会进行治理的主要驱动力来自共同体利益与偏好，其中，居民在进行公共服务提供时，主要依据自身的共同利益进行自治。而社会组织的合法性基础根源于社会成员对其的支持和信任，因此，维护和发展民众利益是社会组织的主要利益和社会基础，社会组织开展行动的基础是互助基础和组织的志愿性。社会组织主要来源于居民的志愿性服务，因而具有一定的社会责任。为了有效实现公共利益，政府应通过参与式治理与合作式治理的方式，吸纳公民参与和赋权社会组织，政府为其提供制度和政策环境；完善政府购买服务机制，组织和引导社会力量加入社会管理过程建立健全利益协调机制，处理好组织之间的利益冲突。[①] 社会组织的公益服务责任主要包括三个方面。首先，社会组织需要完成对民众的社会承诺，举办多种方式的公益活动来直接提供公共服务。其次，应完善社会组织和政府的互助机制，完善社会组织的服务购买职能，代替政府提供部分服务，弥补政府和市场的失灵。最后，社会组织应作为民意的代言人，在政策制定等环节反映公民偏好，代表民众参与政策议程，影响政策结果，保障其权益不受侵害。社会组织的服务职能相比政府来说具有更强的志愿性和参与性，并且距离民意较近，能够较快、较为精准地提供服务。

（二）社会组织的独立性

社会组织在进行治理的过程中，需要维护其自身的独立性，

[①] 郁建兴、任泽涛：《当代中国社会建设中的协同治理——一个分析框架》，《学术月刊》2012年第8期。

并通过一定的方式与外界进行资源交换，从而维护组织的存续。根据萨拉蒙等人的观点，社会组织具有自治性、志愿性、非营利性、正规的组织体系、非政府性和公共利益等主要特征。[①] 社会组织具有一定的独立性和进行公共事务管理的能力，承担相应的社会功能。社会组织在进行活动的过程中，需要维持其相对独立的地位，并与政府、市场开展合作，作为独立主体发挥其社会职能。而我国的社会组织在独立性上仍有欠缺，主要体现为社会组织发育不完善，对政府依赖较多，其自主性受到损害；社会组织受到双重领导，准入门槛较高；社会组织缺乏明确的利益表达渠道，在合作博弈过程中处于弱势地位等。2016 年，中共中央办公厅、国务院办公厅联合印发文件，明确指出政府应大力培育发展社区社会组织，并提出了一系列有助于社会组织发展的政策措施，通过财税、人才等政策加以扶持，并支持社会组织提供社会服务，扩大政府向社会组织购买服务的范围和规模，实现部分服务优先向社会购买的政策，以培养社会组织的自主性，实现政府与社会的协作。[②]

第三节　失灵与解决之道

前文提到政府、市场、社会三者都有各自的治理逻辑，有独特的资源、利益关注点。作为单独的治理主体进行社会治理时，

---

① 张莉、风笑天：《转型时期我国社会组织的兴起及其社会功能》，《社会科学》2000 年第 9 期。

② 中共中央办公厅、国务院办公厅：《关于改革社会组织管理制度促进社会组织健康有序发展的意见》，2016 年 8 月 22 日。

各个治理主体也有治理失灵的地方，并且治理结果会因为治理主体的单一化而缺乏合理性。因此，所有的治理主体必须有效合作，在寻求方法解决治理失灵的同时，也提升各个治理主体的治理能力，以实现社会治理现代化。

一 政府、市场以及社会失灵的表现

(一) 政府失灵

科斯说过，"直接的政府管制未必会带来比市场和企业更好的解决问题的结果"[①]，这从侧面说明了政府自身的行为也存在着局限性，政府治理也可能出现低效甚至无效治理、寻租等弊端。

首先，单一的政府治理容易导致公共事务治理出现低效或者无效。在公共物品供给方面，因为政府垄断、缺乏竞争对手，加之公共物品的特点与政府机构的特性，政府在公共物品的供应上难以达到高效。一方面，公共物品本身所具有的非竞争性和非排他性使得对公共物品的价值衡量非常困难，政府提供公共物品所产出的社会效益难以评估；另一方面，政府提供公共物品以国家财政资金作为后盾，缺乏竞争机制，易忽视成本和效益，导致浪费。因此，政府大包大揽将导致权力和财政支出的过度增长，从而造成财政赤字、人浮于事、机构臃肿等后果。[②]

其次，政府治理失灵还表现为政府机构或官员的寻租。布坎南认为，"寻租就是市场或社会行动者，通过行贿或者游说的行

[①] 〔英〕罗纳德·H.科斯：《企业、市场与法律》，盛洪、陈郁译，格致出版社，2014。

[②] 李平原、刘海潮：《探析奥斯特罗姆的多中心治理理论——从政府、市场、社会多元共治的视角》，《甘肃理论学刊》2014 年第 3 期。

为，利用政府的权力帮助自己在市场上建立更有利的地位，以获取更高的垄断利润"①。当政府作为唯一的社会治理主体时，政府成了一切权力和资源的拥有者，此时政府凭借其权力和地位获得市场交易活动的话语权，影响社会资源的配置，进而影响公共事务治理全过程，使政府在公共事务治理过程中陷入失灵。此外，政府及其官员在寻租过程中未必都是被动的角色，正如弗雷德·麦克切斯内所注意到的，在寻租过程中，政府也可以充当主动者，即"政治创租"与"抽租"。②

再次，政府失灵还表现在制定不合理或低效率的公共政策上。公共政策的制定受到政治家、选民、决策体制、决策过程等多个方面因素的影响。信息不对称、沟通不及时等因素造成了政府机构往往是在掌握有限信息的情况下制定了公共政策；政府官员在参与决策时过多关注政策执行的短期效果，缺乏长远目光，使得制定的公共政策短时间内效益明显，长期看来却容易造成资源浪费。此外，公共选择理论家认为，公共政策制定失误或许是因为社会上并不存在公共政策所想要实现的公共利益，即使出现了短时间内利益一致的现象，依靠现有的决策过程也难以实现令所有参与者都满意的结果。③

最后，社会治理中政府失灵还表现为政府凭借垄断权力把控社会治理的全过程。如果政府把控社会治理的全过程，将市场和

---

① 胡代光：《西方经济学说的演变及其影响》，北京大学出版社，1998。
② Fred S. McChesney，" Rent Extraction and Rent Creation in the Economic Theory of Regulation," *The Journal of Legal Studies*，Vol. 15（1），pp. 69-92，1986.
③ 李平原、刘海潮：《探析奥斯特罗姆的多中心治理理论——从政府、市场、社会多元共治的视角》，《甘肃理论学刊》2014年第3期。

社会排斥在治理主体之外，将不仅与现代社会强调公共事务多元协作治理的理念相悖，而且容易使市场与社会发育不足，缺乏治理能力，不足以承担政府转移的职能，最终陷入王春光所说的行政社会的泥潭。①

（二）市场失灵

亚当·斯密、大卫·李嘉图等经济学家认为市场能够有效运行，调节各经济主体的活动。② 但经济发展与政府职能演化轨迹表明，市场有其能，也有其不能。市场机制本身的缺陷容易导致资源低效甚至无效配置，出现市场失灵。

首先，单一的市场治理容易出现公地悲剧与公共产品供给无效。③ 在单一的市场治理过程中，作为"理性经济人"的企业会精确地计算治理成本与效益，力图实现自身利益最大化，从而导致资源配置失灵，这一点在公共产品的供给上尤其明显，即市场治理模式能够有效组织私人产品的生产，但在公共设施、环境保护、教育、医疗等方面的生产则不能达到有效。④ 公共物品具有强烈的非排他性和非竞争性，因此容易产生"搭便车"问题，久而久之，市场中的企业会停止供应公共物品，从而导致对公共问题的忽视。

---

① 王春光：《城市化中的"撤并村庄"与行政社会的实践逻辑》，《社会学研究》2013 年第 3 期。

② 胡宁生：《国家治理现代化：政府、市场和社会新型协同互动》，《南京社会科学》2014 年第 1 期。

③ Garrett Hardin, "The Tragedy of the Commons," *Science*, Vol. 162（5364），pp. 1243 - 1248，1968.

④ 陈振明：《市场失灵与政府失败——公共选择理论对政府与市场关系的思考及其启示》，《厦门大学学报》（哲学社会科学版）1996 年第 2 期。

其次，市场治理容易出现"囚徒困境"的问题。[①] 经济活动中的各个成员所掌握的信息不同，造成了交易活动中的信息不对称，信息不对称容易导致在公共事务治理中出现"囚徒困境"，每个参与者都选择了理性的最优策略，而结果对每个参与者而言却都是次优的，对集体而言结果则是最差的。[②] 仅凭市场力量进行治理，极容易陷入此类困境。市场中的企业无法完全知晓彼此的信息与选择，在"理性经济人"自利性驱动下，使得公共事务治理出现"囚徒困境"现象。

最后，公共事务治理过程中，市场对公共利益和社会利益的漠视也是市场失灵的重要表现之一。西方政府治理资本化决定了市场治理手段的利益化。[③] 市场治理中企业的逐利本性容易使道德约束失效，造成企业虚化其应该承担的社会责任，加之市场治理缺乏相应的民主控制，使得公共利益容易遭到漠视。市场治理的控制机制是价格，[④] 以价格决定一切的态度是导致企业退出社会治理的重要原因之一。市场中的企业在参与社会治理时极其重视成本效益分析，重视企业的盈利程度。若参与社会治理成本过高而收益过低，"社会责任感"难以激励企业的行为，最终的结果是企业退出相应问题的治理。

---

① 〔美〕曼昆：《经济学原理》（第 7 版），梁小民、梁砾译，北京大学出版社，2015。
② 〔美〕埃莉诺·奥斯特罗姆：《公共事物的治理之道：集体行动制度的演进》，余逊达、陈旭东译，上海译文出版社，2012。
③ 周学荣、何平、李娟：《政府治理、市场治理、社会治理及其相互关系探讨》，《中国审计评论》2014 年第 1 期。
④ 熊节春：《西方公共事务管理中政府"元治理"的内涵及其启示》，载《中国行政管理学会 2011 年年会暨"加强行政管理研究，推动政府体制改革"研讨会论文集》，2011。

（三）社会失灵

社会失灵一方面是指，在公共权威缺位的前提下，社会在运转过程中无法解决自身问题，导致混乱的秩序和不良的状态；另一方面，社会失灵还包含了各个社会组织在提供服务的过程中，由组织的问题造成行动过程中目标偏离、缺乏独立性等结果。[①] 社会失灵的具体表现如下。

首先，社会主体或民众在就自身利益进行协商时，可能会出现无休止的讨论。我国社会治理模式的演进表明，从统治社会到管理社会再到治理社会的转变过程中，国家转型与经济发展固然是推动治理模式转变的重要因素，社会民众的基本素质、政治意识和民主意识的增强也是助推力之一。由于社会公众参与社会治理在我国仍不够完善，若单单地强调社会公众进行社会治理，容易由社会民众素质和经验方面的因素导致出现无休止讨论的现象，进而造成人力财力的浪费。此外，社会公众参与社会治理是借由社会组织来表达利益诉求，但社会组织通常由跨行业跨领域的人组成，每个成员因其社会背景、工作生活的不同将会产生不同的利益诉求，利益诉求的多样化更延长了谈判的时间。

其次，社会组织出现企业化和官僚制倾向。其一，各类社会组织具有非营利性，从根本上讲它应该凭借成员志愿开展活动，萨拉蒙提出的"志愿失灵"的概念，就是指志愿部门或者非营利组织无法完全依靠志愿的力量来推进志愿事业，组织存在志愿失

---

① 耿长娟：《从志愿失灵到新治理》，中国社会科学出版社，2019。

灵这种主体性失灵。[①] 的确，社会组织为了推进其事业和活动的正常运行，在缺乏政府补助和社会捐赠的情况下，不得不开展一些经营活动来赚取一定的收入。其二，随着社会组织的发展壮大，其内部的官僚化倾向会逐渐形成并体现在其日常活动中。初创时期的社会组织大多结构扁平、成员之间地位平等，但随着组织结构的不断完善，社会组织终将会表现出一定的官僚化特征，即使成员依旧保持平等的地位，此种倾向仍不可避免。[②]

最后，社会民众志愿精神逐渐弱化也是社会失灵的重要表现之一。转型时期的中国，公民责任和志愿精神成为推动实现社会治理现代化的重要资源。[③] 在社会民众通过社会组织参与社会治理的过程中，服务意识和志愿精神是推动组织开展活动的重要精神动力之一，但社会民众的志愿精神却可能随着时间的推移而减弱。从社会成员个人角度看，若长期致力于志愿事业却没有任何荣誉激励，成员的行为动机将不断减弱，进而产生职业倦怠感。同样的，如果整个组织缺乏荣誉激励或者利润刺激，单靠社会组织的志愿精神难以在长期内维持组织的存续和发展。

二　政府、市场和社会失灵的解决之道

由此可见，面对社会治理问题，政府、市场与社会都存在着

---

① Lester M. Salamon, "Of Market Failure, Voluntary Failure, and Third-party Government: Toward a Theory of Government-nonprofit Relations in the Modern Welfare State," *Nonprofit and Voluntary Sector Quarterly*, Vol. 16 (1-2), pp. 29-49, 1987.

② 黄建：《社会失灵：内涵、表现与启示》，《党政论坛》2015 年第 2 期。

③ 张素华：《社区志愿激励机制探析：个人和组织的两层面分析》，《社会科学研究》2011 年第 6 期。

失效的可能性，但它们又都各自有着不可替代的优势。因此，将这些力量结合起来，充分发挥各自的优势，形成力量互补的合力，将是解决现代社会治理复杂问题的有效之道。

（一）　政府、市场和社会多元协作

政府、市场与社会的合作治理既是由三者的职能互补性所决定的，也是由社会发展所推动治理模式的转变所决定的。一方面，政府作为最重要的治理主体的作用是毋庸置疑的，但政府失灵的现象也比比皆是，客观上需要市场、社会等主体主动参与，以减少政府失灵现象。[①] 市场治理主要是在经济领域，由于市场运行容易产生信息不对称和外部性问题，在社会治理的过程中还需要社会公众的参与。社会公众参与社会治理能够提高公民的社会参与意识，培养社会公共精神，但也容易产生社会民众志愿精神弱化的问题。因此，政府、市场、社会三者必须有效合作，进行协作治理，在任意一个主体失灵时进行功能弥补。周红云就曾提到社会公众的参与能够促进政府、市场、社会三者的功能互补，能够做到职能互补联结。[②] 另一方面，改革开放以来，我国经济获得了高速发展，各方面都发生了巨大的变革，经济快速发展，城镇化水平不断提高，政府的职能及其实现方式都发生了重大的变化，这些都表明我国正处于一个关键的转型阶段。各方面的转型问

---

① 周俊：《试论公共治理中的"政府失灵"及其规避》，《成都理工大学学报》（社会科学版）2005 年第 3 期。

② 周红云：《社会管理创新的实质与政府改革——社会管理创新的杭州经验与启示》，《中共杭州市委党校学报》2022 年第 5 期。

题、利益主体结构的调整使得当前我国社会治理多元协作治理的模式成为必然的选择。

（二）元治理

元治理是对治理失灵的思考发展而来，它不仅强调了政府、市场和社会网络三者的有效合作以弥补单纯治理的不足，而且还非常重视政府元治理的主体地位，重视对治理网络失灵的回应和对策。[①] 从我国的具体国情来看，由于政府拥有较强的权威、对社会公共服务承担主要责任，市场主体和社会主体的发展程度还不够完善，政府必然要成为三种治理模式的联结中心。政府不仅要为三种治理模式的有效合作制定规则、确定责任的分配，还应该从社会的需求出发，根据社会治理问题的类型来选择不同的社会治理模式，合理协调三种治理模式之间的关系，[②] 这样才能有效解决单一治理模式所造成的失灵问题。

第四节 理论分析框架

郁建兴等人认为，社会治理是指政府、社会组织、公众等在互动协商的基础上共同解决社会问题，回应治理需求的过程。自党的十八届三中全会之后，党和国家逐渐强调由社会管理向社会治理的转变，提出了社会治理共同体的概念。[③] 社会治理共同体

---

① 李澄：《元治理理论综述》，《前沿》2013 年第 21 期。
② 熊节春：《西方公共事务管理中政府"元治理"的内涵及其启示》，载《中国行政管理学会 2011 年年会暨"加强行政管理研究，推动政府体制改革"研讨会论文集》，2011。
③ 郁建兴：《社会治理共同体及其建设路径》，《公共管理评论》2019 年第 3 期。

强调个体和组织之间的"共同认同"与"相互促进"关系，并实现公共服务的合作提供。根据有关学者的观点，多元协同合作供给是指"在某一公共事务范围内，由政府、市场和社会等多元主体，采用外包、特许经营、政府补贴、购买服务等多种方式，以协作的方式来提供公共服务"[①]。多元协同合作可以很好地将政府、市场和社会的力量整合起来，对单一主体的结构性和功能上的缺陷加以弥补，以实现公共事务高效治理的目标。

一　多元主体协作治理模型中各主体的职能

在合作关系中，协商是指通过商议来调整具体行动，每个主体都有其特定的权力和权力的运行机制。[②] 有学者认为协调机制主要包括价值目标的协调机制、信息传递与共享的协调机制、诱导与动员的协调机制。[③] 结合已有文献的研究，本研究提出政府、市场和社会三者之间的协作治理模型。在该模型中，资源配置的主体是政府、市场、社会和民众，三者围绕着如何解决社会公共问题、提高社会福利展开共同行动，在价值协同、沟通协调、激励惩罚三个运行机制下开展活动，并由政府对整体活动进行调控，充分发挥政府的"元治理"作用。元治理职能主要包括以下三点：设定愿景和规则、权责界定、协调合作。具体而言，其各自的职能和相互关系如图 2-1 所示。

---

① 李蕊：《论公共服务供给中政府、市场、社会的多元协同合作》，《经贸法律评论》2019年第4期。
② 张康之：《论参与治理、社会自治与合作治理》，《行政论坛》2008年第6期。
③ 鄞益奋：《网络治理：公共管理的新框架》，《公共管理学报》2007年第1期。

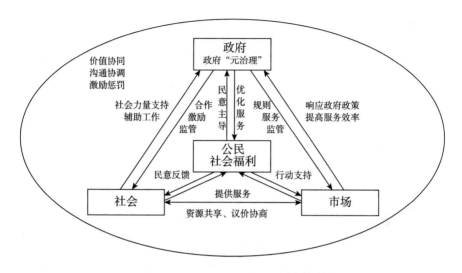

图 2-1　多元主体协作治理模型

（一）政府

政府作为协作网络的重要参与者和网络管理者，在协作治理模式下的主要作用可以分为两种：政府的基础管理和服务职能以及政府的"元治理"职能。一方面，政府作为多元主体中的一元，为整个社会提供基础服务，并提供市场和社会所不能充分提供的公共物品。政府主要通过政策支持、财政资金、对市场和社会的监管方面来履行其政府服务的职能，通过赋予社区和社会组织相应资源来提高社会自治能力，并为市场运行提供规则和监管机制。另一方面，政府需要履行"元治理"职能，即为了更好地促进多元主体协作网络的构建和运作，运用自身的权力和资源而进行活动，比如提出协作的价值引导、制定协作规则、维护协作环境等，提供社会治理的"选择性激励"。燕继荣等人认为，为有效应对社会变化所带来的社会秩序变化，应该建立有效的多元复合制度供给模式，从而发挥多中心的治理优势，进而实现社会治理效能的提升。① 因而，为实现多元主体的协作治理，应建立信息开放、集体决策和共同参与的制度，充分发挥民意在政府政策制定和政策执行中的重要作用，将民意纳入政府政策体系中，广泛征求民众意见，以更好地提升公共利益，增进公众福利。

从"元治理"职能来看，政府承担着为多主体协作网络设立愿景和目标、制定规则、协调合作和激励惩罚的职能。政府是元治理的主体，对整个多元治理过程进行协调和控制，促进合作的顺利进行；通过制度和法规，营造良好的竞争环境，促进市场和非营利组织的发展，并与市场主体积极展开合作，解决市场和社会失灵的问题。在棚户区改造过程中，政府可以为市场发展提供规则支持和监管，并为社会组织提供政策和资金支持，培育和发展社会组织，对其加以引导和激励。

（二）市场

在协作治理模式下，市场通过经济利益刺激、灵活的市场决策和充分的信息来促进资源配置效率的最大化，并与社会进行资源共享和议价协商，积极响应政府政策，切实提高服务效率。具体而言，市场的治理方式主要是通过响应国家政策，在法律法规的范围内进行公共物品供给；通过居民需求和价格机制，进行一定的公共物品和服务供给；与社会组织进行资源共享，形成有效

---

① 燕继荣：《社会变迁与社会治理——社会治理的理论解释》，《北京大学学报》（哲学社会科学版）2017年第5期。

的利益共担机制，共同促进公共需求的精准定位与公共利益最大化。

在棚户区改造的过程中，市场可以为拆迁补偿提供主要的资金来源，并为征收和补偿方案提供建议；通过与政府、居民"自改委"进行议价协商，承包基本的房屋建设和住房保障项目，是棚户区改造的主要建设者。

（三）社会

社会治理在多元治理中发挥了重要作用，主要通过社区和社会组织参与公共事务治理。社会组织参与治理的主要方式是非正式的，与社区居民的近距离接触，可以及时了解并反映公民需求，并及时有效地对公共产品进行供给。社会组织和社区等社会力量为政府提供支持，以弥补政府在社会治理中的不足。由于棚户区改造过程更多涉及低收入群体的利益，社区作为最核心的互助平台，要配合行政部门提供社会保障服务，并提供保障居民生活的多项服务。[①] 社会通过与市场进行资源和职能的协调，代表居民向政府和企业进行协商，并发挥其志愿性和非营利性的优势，与政府、市场合作提供公共服务。

政府、市场和社会的关系是既有竞争也有合作。当它们提供相似物品时，彼此之间存在竞争关系，而当他们合力解决某个社会问题时，彼此之间就是合作关系。多元主体的协调与合作是国家治理现代化的主要特征，政府、市场和社会相互依赖，基于共

---

① 李国庆：《棚户区改造与新型社区建设——四种低收入者住区的比较研究》，《社会学研究》2019 年第 5 期。

同的公共目标参与合作，在一个多中心的网络式形态中共享资源和权力、共同承担公共责任。[①]

二 政府、市场和社会开展协作的机制

(一) 价值协同

完善的社会协作治理机制能够促进各主体展开合作，形成政府主导、社会系统、共治共建共享的社会治理新格局。[②] 价值协同是多元主体开展协作治理的基础。郁建兴等人认为，社会治理的含义本身包括了合作和共识的关键元素，这也是社会共同体形成的价值追求。[③] 只有多元主体基于公共利益达成行动上的共识，多方才有合作的动因和实践基础。为此，需要政府树立多元共治理念，与市场、社会建立一套协作治理的运作机制，各主体能够在机制的作用下展开合作。在价值协同的过程中，党和政府应发挥有效的领导和聚合功能，以党建和政府嵌入的方式构建价值协同网络。具体而言，政府可以通过框架整合和社会参与动员，设定一套话语体系，并将其转化为居民和社会的情感和内在认同，从而改变其他主体的行动目标。[④] 根据斯诺等人的观点，政府进行框架建构和动员的过程中，主要通过"诊断性框架"、"处方性框架"和"动员性框架"三个阶段开展，并采用框架搭桥、框架扩大、框架延伸和框架转换四种子策略，从而实现文化和观念层

---

① 陈剩勇、于兰兰：《网络化治理：一种新的公共治理模式》，《政治学研究》2012 年第 2 期。

② 严国萍、任泽涛：《论社会管理体制中的社会协同》，《中国行政管理》2013 年第 4 期。

③ 郁建兴：《社会治理共同体及其建设路径》，《公共管理评论》2019 年第 3 期。

④ Goffman and Erving, *Frame Analysis: An Essay on the Organization of Experience*, Harper & Row Press, 1972.

面的整合。①

　　本文结合框架动员的相关观念，认为政府在开展价值协同的过程中，应通过为协作网络设立目标、党建嵌入等方式进行话语宣传与转换，并有效地整合社会观念和价值，从而实现共同的价值导向。在合作网络中，成员对同一问题可能有不同的解决方案，而其目标既可能相互冲突，也可能相同。因此，政府作为协作网络的管理者，需要了解每个主体所代表的利益倾向，并对不同的观点和矛盾进行调和，力求使组织的共同目标与解决社会问题相一致。在棚户区改造的过程中，政府的管理模式经历了从"行政控制"型向"社会共治"型的转变，政府通过多种方式了解公民需求，通过党建嵌入等方式促进社会框架整合和集体认同，从而谋求共同的利益，达成基于公共利益的征收目标，并形成相应的行动方案。

（二）沟通协调

　　沟通协调是政府将整体话语转化为公民话语的重要途径，也是开展平等合作的重要基础。政府需要建立健全社会治理过程中的制度化沟通渠道和参与平台，加强信息沟通的利益协调，从而化解主体的利益与合作矛盾，改变政府一元主导的管理方式，实现社会和市场平等参与的治理体系。国内学者认为，政府可以通过引导社会主体进行自主治理、促进社会主体参与服务供给、支持社会主体协同开展管理三个方面，健全诉求表达机制、利益协

---

① David A. Snow et al., "Frame Alignment Processes, Micro-mobilization and Movement Participation," *American Sociological Review*, 51（4）, pp. 254-258, 1986.

调机制、权益保障机制和矛盾调处机制，有效化解社会矛盾，建立社会合作的良好秩序。[①] 首先，应建立完善的社会参与机制，完善社会参与制度，为多元主体提供合作交流的平台。其次，政府应该着力培育和发展社区社会组织，通过制度和规范引导其发展。完善政府向市场、社会的服务购买机制，将政府直接提供的部分服务转交给市场、社会主体，使得各主体之间能够在平等的权利基础上有效沟通与合作。最后，政府应鼓励网络主体进行信息公开，并妥善处理社会主体之间的利益矛盾，构建和谐的社会关系，形成完善的民主治理体系。

（三）激励惩罚

在协作治理网络中，没有任何单一主体可以单独控制决策过程和治理过程，单方面的排他行动极易导致共同目标的失败。政府作为管理者，要综合运用激励与惩罚的方式，鼓励有利于组织合作的行为，动员个体为实现组织目标作出贡献。有关激励惩罚机制的研究最早可以追溯到奥尔森的集体行动理论。奥尔森基于理性选择理论，认为由于个人会考虑在提供公共物品时的成本与收益问题，容易出现"搭便车"现象，从而无法达成集体行动。奥尔森认为，组织集团的规模和"选择性激励机制"是实现有效行动的关键。[②] 我们可以将社会的协作治理看作提供公共产品的一项集体行动，各主体单独行动缺乏有效激励，因而协作不易达成。为了实现各主体间的合作，需要政府从宏观层面制定激励与

[①] 严国萍、任泽涛：《论社会管理体制中的社会协同》，《中国行政管理》2013 年第 4 期。
[②] 〔美〕曼瑟尔·奥尔森：《集体行动的逻辑》，陈郁等译，格致出版社，2018。

惩罚措施，并为整个治理网络提供政策激励，对违规和破坏合作的行为进行惩罚，以保障各主体能够在法律规定的框架内展开合作，共同实现社会治理的目标。

在棚户区改造过程中，政府通过鼓励市场参与治理、鼓励居民促进签约，能够有效推进棚户区改造的进程。在棚改过程中，政府有必要对各参与者的行为进行约束和规范，以便形成良好的协作关系，构建社会治理的网络体系。

三　协作治理模型中政府"元治理"的职责

协作治理模式需要政府构建协作治理的平台和框架，充分发挥政府的"元治理"职能。应该说，政府能否发挥好元治理的功能，是中国社会治理能否顺利实现转型、社会治理能力能否提升的关键所在。一方面，我国的市场经济虽经过了30年发展，但仍有不成熟的地方，企业追求利益至上，规则意识不强，社会责任感淡薄，需要政府对其进行规范和引导；另一方面，虽然中国古代自治传统深厚，但新中国成立以后由于国家的强力渗透以及市场经济的冲击，传统社会的自治资源逐渐被瓦解。从当下看，政府仍然是重要权力和资源的掌握者，要在短期内转变大包大揽的角色十分困难。因此，要建立一种市场和社会参与的多主体协作体系，政府在其中一定要扮演重要的角色，这种角色不再是以前的大包大揽、以行政逻辑代替市场和社会的逻辑，而是在发挥好自身有限政府角色的同时，引导市场和社会释放自身的力量、发挥自身的优势，以实现良性互动、合作共赢。具体而言，政府在当下的元治理职能包含以下几个方面。

（一）提出愿景和制定规则

政府作为元治理的网络核心，应从宏观角度为社会合作和发展提出目标和愿景，并为多元主体合作提供规则和约束，这是政府元治理的最基本职能。杰索普认为，元治理是"治理的治理"，为了有效解决治理失灵的问题，应该建立一个政府，负责"设计机构制度，提出远景设想，促进自组织协调的职能"。① 政府制定愿景的重要意义在于为多元主体协作提供总体规则，并通过党委和政府活动使公共价值得以传播，实现目标导向。元治理有制度和战略两个方面，制度方面主要是指政府应该提供各种合作机制，保障多元主体合作的顺利进行；战略方面是指政府应该建立愿景，为多主体合作提供目标与制订行动计划，引导合作的顺利进行。在棚户区改造的过程中，政府方负担着设定目标、制定棚改的具体政策和行动方针、主导制定征收与补偿方案等职能。

（二）建立沟通与协作平台

沟通与协作职能是指政府应在治理网络中通过一系列的机制设计与协调策略，促进网络间的有效沟通。郁建兴、任泽涛认为，政府应构建制度化沟通渠道和参与平台，对社会主体进行监督和引导，并对社会利益等进行协调，形成良好的利益协调机制和矛盾处理机制。② 多元主体下进行合作的过程中，需要就社会议题进行协商讨论，并对利益和资源进行协调，因而以协商民主为核

---

① 〔英〕鲍勃·杰索普：《治理的兴起及其失败的风险：以经济发展为例的论述》，漆燕译，《国际社会科学杂志》（中文版）1999 年第 1 期。

② 郁建兴、任泽涛：《当代中国社会建设中的协同治理——一个分析框架》，《学术月刊》2012 年第 8 期。

心的沟通协调机制的建立显得尤为重要。政府应发挥元治理的职能，对利益冲突进行协调，并促进多元主体之间的沟通与合作，建立多元主体的平等协商机制，促进主体间网络的横向沟通。

协作治理是一个动态过程，由于各主体具有不同的利益诉求，在合作过程中可能存在利益摩擦，导致合作无法顺利进行。因此，政府在促进合作治理的过程中，应建立开放性的合作机制，促进市场和社会的沟通与利益协调，完善多元治理的参与机制，促进多主体为实现宏观社会目标进行共同努力，并协调好社会和市场之间的利益矛盾，建立良好的网络治理秩序。在棚户区改造的过程中，政府通过对各主体的利益进行协调，使得政府、市场和社会之间能够取长补短，为了实现共同的目标而进行合作。

（三）制定激励和惩罚机制

激励惩罚机制是政府对治理网络加强监管的有效方式。政府开展激励和惩罚的主要目的在于改变个人理性所导致的理性选择悖论，唯有在一定的契约规则下，社会才能克服自身的行为困境和自利倾向，并主动参与公共活动，而政策工具的选择对于激励成效较为重要。在激励层面，政府可以通过自愿性工具和混合性工具，通过家庭社区与信息提供的方式鼓励公民参与社会治理；而对于可能存在的违法与违规行为，政府部门应当及时采取强制性工具，通过有效的监管和行政处罚，降低社会治理中的违规行为发生概率，保障治理目标的顺利实现。

在接下来的几章，我们将分别论述棚户区改造的实践历程，探讨协作治理的理论模型如何在实践中得以印证，在理论模型基础上研究现实社会治理多元主体协作各个环节的运作现状、机制及存在的问题，并提出相关的政策建议。首先，本文根据已有理论和文献，搭建了棚户区改造多元协作治理模式的理论分析框架。其次，分析我国社会治理演进的阶段和治理结构的内在逻辑，并结合《国有土地上房屋征收与补偿条例》，分析我国房屋征收政策出台前后对棚户区改造实践的不同影响。再次，以成都市曹家巷的案例为核心，结合其他地区案例进行综合分析，并根据模拟搬迁方案的颁布阶段和签约阶段两个不同的阶段，对多元主体的协作情况进行分析，并结合回应理论分析框架，深入探讨其中多元主体模式的完善和政府责任。最后，提出我国棚户区改造和公共事务治理转型的意义和发展方向。

第三章

中国社会治理结构的演进及内在逻辑

　　社会治理结构是指参与到社会公共事务治理中的各个主体在社会发展过程中形成的较为稳定的力量、职责分工和相互关系的结构。社会治理结构变迁作为社会变迁中的一个重要内容，显示了社会发展的巨大潜力和人民素质的稳步提高，体现了国家治理的进步。近半个世纪以来，中国独特的、不断进步的社会治理结构促进了社会治理实践的不断发展，社会治理成效显著。① 这种独特的社会治理结构不是一开始就设定的，而是根据中国社会发展各个阶段的特点，结合具体社会实践形成的契合各个发展阶段实际情况的独特治理模式。"党委领导、政府负责、社会协同、公众参与、法治保障"的社会治理体制，加大了社会参与力度，着力打造社会治理新格局，是社会治理的又一次进步。由于社会发展具有极强的连续性，我们必须充分认识以前的社会治理模式，深入探究各个阶段社会治理结构演进背后的逻辑，知其利弊，才

---

① 蔡潇彬：《变迁中的中国社会治理：历程、成效与经验》，《中国发展观察》2019 年第1 期。

能够引导完善现有的社会治理结构，并为探索创新中国未来的社会治理实践提供强有力的理论依据。

　　研究者们对我国社会治理结构的发展历程进行阶段划分。陈天祥等学者认为，1949 年以来中国的社会治理结构经历了三个阶段，分别是磁斥阶段、磁吸阶段和耦合阶段；① 黄显中、何音将社会治理结构分为了统治型结构、授权型结构、管理型结构和共治型结构，并认为我国的社会治理结构将顺应这一发展趋势；② 齐卫平等梳理了新中国成立以来社会治理结构变迁的阶段性特征；③ 何增科将社会治理结构的发展划分为四个阶段；④ 鞠正江、姚华平也进行了相关划分。⑤ 可见，学界在此方面的研究成果非常丰富。本章将在前人研究的基础上，首先简要探讨新中国成立后社会治理的发展及其结构演进特点，试图探究各个时期社会治理模式的形成背景、发展过程及具体特征，进而揭示社会治理结构演进的内在逻辑。

　　一般认为，一个良性的社会治理体系需要国家、市场以及社会（包括社会组织和民众）三者之间的互动，形成稳定的治理结构。研究发现，政府职能的转变、社会组织的成长以及民众权利意识和民主意识的增强是我国社会治理结构转变的重要动因，从

---

① 陈天祥、高锋：《中国国家治理结构演进路径解析》，《华南师范大学学报》（社会科学版）2014 年第 4 期。

② 黄显中、何音：《公共治理结构：变迁方向与动力——社会治理结构的历史路向探析》，《太平洋学报》2010 年第 18 期。

③ 齐卫平、王可园：《新中国成立以来中国社会治理模式变迁》，《社会治理》2016 年第 4 期。

④ 何增科：《从社会管理走向社会治理和社会善治》，《学习时报》2013 年 1 月 28 日。

⑤ 鞠正江：《我国社会管理体制的历史变迁与改革》，《攀登》2009 年第 1 期；姚华平：《我国社会管理体制改革 30 年》，《社会主义研究》2009 年第 6 期。

新中国成立初期国家管控社会到国家管理社会，再到国家治理社会，话语表达的变化体现了社会治理的内涵、外延以及社会治理的方式手段、价值观等发生的巨大变化。从我国社会历史发展阶段看来，社会治理结构的演变可以划分为三个阶段，分别是社会管控阶段（1949~1992年）、社会管理阶段（1992~2012年）、社会治理阶段（2013年至今）。

第一节　社会管控阶段—管控模式
（1949~1992年）

一　形成背景

新中国成立后，由于当时所处的国际国内环境，"全能主义"体制覆盖社会生活的方方面面。在此种体制的影响下，政府凭借其独有的权力掌控了社会各个领域的发展，行政机构汇集了政治、经济、文化等各方面职能，实现了行政权对整个社会的支配。尤其是从新中国成立到改革开放初期这一阶段，社会完全处于政府行政权力管控之下。高度集中的计划经济体制以国家指令性计划来配置资源，行政命令是管理经济和社会的主要方式。高度集中的计划经济体制使得国民生产在较短时间内得到极大恢复，但是也造成了政府权力过大并且管控社会生活的方方面面，社会资源的配置主体实际上只有政府组织。此阶段社会管控模式的形成具有一定的历史背景。

一方面，社会管控模式的形成受到了半殖民地半封建国情的直接影响。为了在帝国主义列强的侵略下实现自救，近代以来的中国尝试了多种方法，从学习西方的技术到学习其理论，典型代表有洋务派的"技术变革"、维新派的"制度更新"以及资产阶级革命派的"建立共和"等。① 在此之后，中国共产党凭着坚韧不拔的意志、科学的斗争纲领与武装战略实现了革命的胜利。中国共产党的成功得益于其对农村社会进行有组织渗透的战略，这极大地有利于中国共产党在农村社会的动员，将广大群众转变为新民主主义革命最坚实的力量后盾。在革命时期，党全面领导、全面控制的能力和渗透社会的政治权力不断提升，对社会的全面控制局面本应在革命成功后进行一定的转变，党的政治权力也应在一定的范围内行使，但由于当时的国情影响，国家控制和组织社会的局面却是在不断扩大。

另一方面，此阶段社会管控模式也形成于生产力破坏、社会秩序混乱的背景之下。新中国成立之初，经历了多年战争后的中国在经济发展上停滞不前，在社会发展上也遇到了国家政治解体与社会解体相结合的"总体性危机"。使混乱状态下的中国在经济、政治、社会、文化以及意识形态发展方面均步入正常的轨道，成为中国共产党肩负的重要任务。社会衰弱和自治能力低下构成了社会治理的现实问题，在此情况下，国家必须解决社会能力弱所导致的困境，将广大人民群众组织起来进行社会主义建设，因此催生了此阶段的社会管控模式。

---

① 齐卫平、王可园：《新中国成立以来中国社会治理模式变迁》，《社会治理》2016 年第4 期。

二　主要特征

社会管控阶段在"文化大革命"末期走向顶峰。随着改革开放政策的实施，到 1992 年社会主义市场经济体制的建立，这种社会管理的模式逐渐走向解体。

（一）国家与社会的关系

在 1949~1978 年，我国社会处于高度一元化的传统社会管控阶段，在这段时间里国家与社会之间关系是高度重合的，社会每个角落和领域都被纳入了行政权力的控制范围，政府和社会关系具有高度行政化的特点；而在 1979~1992 年，传统的社会管控体制已经不适应经济社会的发展，国家和社会的关系开始出现松动。

新中国成立后，国家、单位和个人构成了传统社会管控模式的参与者，一元化社会管理体系逐渐建立起来。在这种三位一体的社会管理模式中，党和政府是唯一的主体。在城市里，为了实现对居民的组织与整合，建立了以"单位制为主"的管理体制，将个人与单位联结，个人的全部活动只能通过单位这个唯一的渠道得以实现，即"单位包办一切"；[①] 在农村建立起了"议行合一、政社合一"的人民公社管理体制。1958 年，由农村起始的"人民公社运动"逐渐在全国范围内展开，公社由于掌握了社员的生活来源，对个人具有强大的控制能力。[②] 可见，在传统社会管控阶段，国家是社会管控的唯一主体，主要利用行政化的手段

---

① 何海兵：《我国城市基层社会管理体制的变迁：从单位制、街居制到社区制》，《管理世界》2003 年第 6 期。

② 谢志岿：《论人民公社体制的组织意义》，《学术界》1999 年第 6 期。

来控制社会，在城市实行单位包办一切，在农村建立人民公社，造成了社会对国家的完全依赖，并在一定程度上形成了社会对国家的隶属关系，社会很少甚至几乎没有属于自己的空间。[①]

从 1978 年到 1992 年，国家和社会的关系开始出现松动。随着社会主义市场经济体制的逐步确立，社会经济成分的多样化、利益主体的多元化以及分配方式的多样化，利益主体开始寻求自身利益的最大化，政府垄断的社会管理主体地位受到了有力冲击。[②] 由此国家在改革中下放了许多权限，更多地放权于社会、放权于企业，让社会承担了更多的职责，国家与社会关系逐渐松动。

（二）社会治理主体

改革开放之前，我国处于"政府办社会"状态下，政府是社会管理的唯一主体。除了国家组织或准国家组织之外，较少存在独立于国家的民间社会组织。在政府完全管控社会，市场和社会无法参与社会治理的情况下，政府的权力运行具有极强的排他性和纵向权威性的特点。这不仅使市场和社会的作用无法发挥，造成了国家和社会的长期隔离，而且这种极强的排他性还对其他主体参与社会治理形成了障碍。

（三）社会治理目标

新中国成立之初，由于国家面临较为严重的"总体性危机"，

---

① 王春光：《加快城乡社会管理和服务体制的一体化改革》，《国家行政学院学报》2012 年第 2 期。

② 文晓波、钟志奇：《我国社会管理体制的历史变迁与改革路径研究》，《地方治理研究》2016 年第 2 期。

此阶段社会管理以恢复国家政治、经济、社会秩序，组织建设社会主义伟大事业，有效应对"总体性危机"为目标。在当时，城市里"以单位制为主，以街居制为辅"的管理方式和农村地区的人民公社管理体制相结合，力图把社会成员全部纳入国家组织体系，在实现国家对社会成员的管控的同时，动员全国上下的力量谋求稳定发展，服务于高度集中的计划经济体制，维护国内社会秩序的稳定，尽快地把新中国建设成一个能够赶超西方发达国家的强国。

（四）社会治理方式

在社会管控阶段，行政管控和政治动员是国家进行社会管控的主要方式。这一点可以从以下两个方面证明：一方面，各级政府不仅要处理其管辖范围内的行政事务，实际上还要处理各种社会事务，实行"政府包办一切"，事事都要经政府许可；另一方面，由于当时国际国内形势的需要，我国的社会管理多采用阶级斗争和政治动员的方式，各级机关组织社会民众投入建设新中国的各种社会运动，在有效管控社会的同时，利用社会力量实现政府的各项方针政策。在计划经济体制下，行政管控和政治动员的管理方式适应了国家发展的需要，政府权力支撑下的强势行政管制虽然有一定的弊端，但在当时的历史条件下作为社会管理的主要方式，确实发挥了一定的积极作用。

三　影响和后果

社会管控阶段的模式虽然是在当时特殊的历史条件下形成

的，具有一定的历史合理性，但仍旧造成了一些不良后果。其一，从社会个体层面看，形成了依赖型人格。[①] 对整个社会进行管控以牺牲个体多样性和自由选择为代价，抑制了社会成员的自我管理倾向，削弱了社会活力和社会创造力，处于这种社会中的个体成员靠依附人民公社和单位来获取资源与发展机会，缺乏自由发展的空间，久而久之丧失了自我发展的能力，最终形成了其依赖型人格。其二，从整个社会层面看，我国形成了"总体性社会"，这是一种结构分化程度很低的社会。[②] 社会秩序完全依赖于国家的控制，国家凭借其权力垄断了各种资源，社会生活附属于政治领域，且政治化、行政化倾向明显。改革开放后，社会管控结构逐渐走向解体，但国家在处理社会事务上仍存在着一定的路径依赖和行为惯性，客观上对新时代社会治理体制的转型形成了阻碍。

第二节　社会管理阶段—管理模式
（1992~2012 年）

一　形成背景

改革开放开始之后，我国计划经济体制逐步被破除，中国从计划经济开始逐步过渡，将市场机制引入经济发展中来。1992年，中国共产党第十四次全国代表大会正式提出建立社会主义市

---

① 郭风英：《"国家-社会"视野中的社会治理体制创新研究》，《社会主义研究》2013 年第 6 期。

② 中国战略与管理研究会社会结构转型课题组：《中国社会结构转型的中近期趋势与隐患》，《战略与管理》1998 年第 5 期。

场经济体制。所有制结构上的调整，反映在社会关系上，表现为我国的社会关系结构开始有了新的变化。所有制结构的变动加速了社会关系结构对其的适应过程。随着结构调整与经济发展，社会成员的发展不再局限于完全依赖单位和人民公社，而是有了更多自由活动和自由发展的空间，社会成员利益关系和收入分配方式日益多元化，整个社会的流动性进一步增强。由于经济和社会多元化的快速发展，社会力量开始成长起来，新的社会阶层和社会组织开始涌现，其利益诉求要求有效且快速地回应，这使得计划经济体制框架下的社会管控模式难以维持。

社会管控模式之所以能够适应前一阶段社会发展的要求，是因为在新中国成立后的很长一段时间内，我国实行高度集中的计划经济体制。在集体所有制下，一切资源由国家进行配置，因此，社会成员利益的一致性程度较高，社会成员的利益诉求也较为趋同，并没有出现利益多元化的趋势。而在改革开放后，尤其是随着社会主义市场经济的发展和社会主义市场经济体制的建立，所有制结构出现变动，分配方式也日益完善，在此条件下我国社会结构不断分化，出现了新的社会阶层和社会组织。与社会阶层分化相伴随的是利益诉求多元化，不同利益诉求对于政府管控社会的模式造成了巨大冲击。在此背景下，基于我国发展的现实条件，高度集中的社会管控模式确实已经不再适应社会发展的需求。

在传统的社会管控体制开始解体的阶段，我国也进行了一系列社会管理体制方面的改革，《城镇街道办事处条例》《居民委员会组织条例》《城市居民居委会组织法》《村民委员会组织法》等法律法规的颁布与实施彰显着我国在社会管理方面所做出的努力。但不可否认的是，社会发展速度对于管理制度的改进提出了更新更高的要求，社会管理制度方面的改革仍旧落后于社会发展的步伐。社会发展的现实条件迫切要求社会治理结构的改进与社会管理模式的创新。

二 主要特征

1992~2012 年我国处于社会管理阶段，这一阶段是我国社会管理模式形成发展的关键时期。1992~2002 年为社会管理模式的逐渐形成时期，2002~2012 年为社会管理模式的完善时期。

（一）国家与社会的关系

1992~2012 年我国在社会建设方面开展了积极的探索，国家与社会关系较前一阶段发生了巨大的转变。在这一阶段，由于国家建设社会主义市场经济，公司、企业等市场组织大量出现，还出现了一定数量的相对独立于政府的民间组织。因此，在这一阶段虽然国家对社会仍进行了较多的干预，但政府主导社会发展的色彩明显开始弱化，社会组织的存在与发展为社会自治奠定了基础。在此阶段，治理模式实现了"社会管控"到"社会经营"的转变，逐步形成并完善了"社会管理"模式，国家不再"包办社会"，而是"经营社会""管理社会"。①

国家与社会关系的转变还可以从一些关键时间节点中看出来。1992 年社会主义市场经济体制建立后，生产力得到进一步解

---

① 陈鹏：《中国社会治理 40 年：回顾与前瞻》，《北京师范大学学报》（社会科学版）2018 年第 6 期。

放，社会活力增强，国家主导社会发展的倾向开始明显减弱。一些条例的颁布有效刺激了民间组织的产生和发展。如1998年《民办非企业单位登记管理暂行条例》和《社会团体登记管理条例》颁布后，我国民办非企业单位的数量显著上升；2000年《民政部关于在全国推进城市社区建设的意见》经由国务院办公厅转发后，社区制建设正式启动。党的十六大以来，政府积极探索社会管理模式并取得重大进展。2004年，党的十六届四中全会首次提出建立与完善党委领导、政府负责、社会协同、公众参与的社会管理模式；2012年，党的十八大进一步提出要加强社会建设，围绕构建中国特色社会主义社会管理体系，加快形成"党委领导、政府负责、社会协同、公众参与、法治保障"的社会管理体制。以上国家文件和重要提法表明了国家在社会管理方面的思想逐渐转向成熟，国家和社会关系也因此进一步发展。

（二）社会治理主体

在社会管理阶段，虽然社会主义市场经济的发展使得一些市场组织和社会组织开始参与社会管理活动，但其影响力与涉足的领域均非常有限，政府仍旧是主要的社会管理主体。在此阶段，社会管理的各种规则尚未全面建立，其他组织力量弱小且不规范，国家凭借权力干预和约束着社会组织的发展，因此，政府仍旧主导着这一阶段的社会事务的管理。但由于经济的发展和社会活动空间的进一步扩大，社会自主发展的机会增多，市场力量和社会力量也逐渐增强，市场主体和社会主体日益活跃，确实具有解决某些公共领域问题的能力。因此，在社会管理模式之下，政府管理权力的排他性明显减弱，权力运行模式以及权力结构发生了变化，最突出的表现在于政府不再包办一切，而是在某些领域进行有限度的分权，让其他主体也参与到社会治理过程中来。

（三）社会治理目标

这一阶段社会治理的目标在于促进社会主义市场经济发展、实现社会和谐。1992~2002 年，国家强调发展社会主义市场经济，因此把经济体制改革作为重点任务，社会管理只是作为其辅助和补充。在这个阶段，社会管理服务于社会主义市场经济发展，为促进经济发展而服务。党的十六大以后，政府积极探索社会管理模式，社会转型速度加快，社会结构分化问题、社会弱势群体阶层问题以及社会不平等等问题逐渐增加，政府不得不开始转变职能，积极探索社会管理新模式，以解决日益加重的社会压力。因此，在这一时期，政府必须通过有效的社会管理来化解各种社会矛盾，实现社会和谐，维护社会秩序。

（四）社会治理方式

在社会管控阶段，社会治理方式主要是以行政管制为主，而在社会管理阶段，由于市场和社会力量发育仍然不足，难以独自承担公共事务治理的重任，政府仍主导着社会治理的全过程，主要采取自上而下的行政指令作为管理手段。在此阶段，我国逐渐重视对社会力量的培育，努力构建"党委领导、政府负责、社会协同、公众参与、法治保障"的社会管理格局，市场和社会的力量也在不断增长，以适应社会管理的需要。

（五）社会治理效率

这一时期的社会治理效率相比起前一时期有了一定的提高，

但仍处于效率较低的水平。虽然在此阶段我国逐步重视社会管理，将其作为政府的主要职能之一，并且逐渐重视社会公众对于社会治理活动的参与，但社会作为一个整体仍旧没有完全被纳入治理体系中，其参与社会治理的权利和空间仍然有限。20世纪90年代以后出现了许多社会团体和组织，但是大部分都处于政府的管制之下，政府虽然承认社会组织的合法地位，但在社会治理的过程中对一些社会组织的负面作用仍有所顾虑。同时由于重视经济发展，政府也忽视了在社会公共服务供给方面所产生的供给低水平问题和供给失衡问题。

三　影响和后果

总的看来，此阶段的中国在逐渐摆脱计划经济对整个社会管理所产生的不利影响，市场和社会力量的成长加速了传统社会管控模式的解体，并且初步建立起了政府主导、市场和社会有所参与的社会管理模式，社会治理目标跟随时代发展有所转变，社会治理效率有了一定的提高。但此种模式与市场经济的发展要求以及人民群众的社会公共需求还不相适应。政府仍在社会管理中占据主导地位，市场和社会的力量仍较弱，各种社会组织和民间组织社会治理参与度不够高，其行为大多是对政府行政命令的服从。虽然社会组织转变为了社会管理的协同主体，但主要是为了配合政府工作，在反映民生、慈善、社会救助等方面发挥一些作用。另外，由于市场经济发展在促进社会进步的同时也带来利益诉求多元化、多重社会矛盾等问题，在这一阶段治理失灵越发明显，尤其是在社会公共事务的管理上，政府和市场的双重失灵使得人们越来越重视社会作为治理主体作用的发挥，客观上需要多元主体特别是社会本身参与社会治理。

第三节　社会治理阶段—治理模式
（2013 年至今）

一　形成背景

2013 年党的十八届三中全会阐述了构建社会治理格局、创新社会治理的目标任务，"社会治理"一词频繁出现在各级政府的工作文件中，这标志着我国正试图重构政府和民众、国家和社会的关系。党和国家的执政理念也不同于社会管控和社会管理阶段，由传统意义上的政府自上而下的"管理"转变为政府、市场和社会多元力量相结合的"治理"，社会"治理"代替社会"管理"，成为新时期中国特色社会主义全面深化改革的执政理念和治国方略。从我国提出"社会管理"到"社会治理"，再到"创新社会治理打造共建共治共享的社会治理格局"，话语表达的变化一方面意味着中国对待社会公共事务的理念和实践已经开始进入了一个新的发展阶段，逐渐重视社会协同和公众参与的力量，形成新的社会治理模式；另一方面意味着政府逐渐明确自身的定位与角色，用政府减权、放权等方式激发市场和社会活力。党的十九大报告中提出的"加强社会治理制度建设，完善党委领导、政府负责、社会协同、公众参与、法治保障的社会治理体制，提高社会治理社会化、法制化、智能化、专业化水平"，更是指明了未来社会治理发展的方向和前进的思路与要求。

　　结合当前的社会发展状态可发现，我国政府正在引导市场和社会力量发挥作用，努力形成一种更加符合善治要求的、符合时代发展的新的治理结构。① 进入新时代后，仅凭政府力量完成不了纷繁复杂的治理任务，应该充分发挥治理结构中的市场和社会的作用，不仅要让政府、市场与社会三者之间互相依赖，还要让社会和市场作为治理主体之一与政府一样有机会、能力和责任参与到社会事务之中。应该说，当前我国还处于完善社会治理并探索向多元协作治理转型的阶段，但这种新的治理模式的特点值得探讨，并且一些地区一些领域已经进入了政府和社会转型的关键时期，在实践中探索出了一套政府和社会有效合作的路径。

二　主要特征

（一）国家与社会的关系

　　在社会治理阶段中，国家和社会关系出现了新的变化，国家和社会具有明显的互动沟通与协作，权力不再由单一的国家主体所掌握，二者互动具有明显的权力、资源共享的特征。国家层面的指示为国家和社会关系的发展提供了明确的指引，党的十八届三中全会提到要实现政府治理和社会自我调节、居民自治良性互动，激发社会组织活力。这意味着国家不再以过去的管控或者管理视角来看待社会的发展，而采用治理的视角来培育社会、发展社会，发挥社会在治理中的协同作用，促进社会与国家的良性互

---

　　① 俞可平：《治理和善治：一种新的政治分析框架》，《南京社会科学》2001 年第 9 期。

动。因此，此阶段的治理模式更多地表现为政府与其他主体的有效合作治理。权力和资源是相互依赖的，因为政府不能够对快速变化的社会有效反应，所以只能精简政府职能并且将部分职能转移给社会主体，通过授予相应主体某些权力来解决公共问题。

（二）社会治理主体

此阶段的社会事务具有较强的复杂性，涉及利益较为多元化，单一的政府作为社会治理主体已经没有能力解决所有的公共问题。因此，社会治理主体不仅包括政府，还包括了市场中的企业和各类社会组织，主体构成明显多元化。各类企业组织、社会组织、基层自治组织、志愿者组织以及社会民众逐步成为社会治理的多元主体，并发挥着越来越重要的作用。同时，政府、企业、民间组织、社区等多元主体共同承担社会治理的资源投入和服务产出。在政府、市场和社会的多元治理模式中，多个治理主体间还存在着多元共治系统和共治机制以便调节主体的行为。[1]

（三）社会治理目标

这一阶段社会治理目标有了明显的变化。通过进一步对市场和社会放权、赋能，激活并整合市场与社会部分的力量和资源，使得市场、社会与政府三者相配合，形成社会服务和社会治理的合力，最终构建起多元主体协作治理的新型社会治理体制，打造共建共治共享的社会治理格局，促进社会的和谐发展。

（四）社会治理方式

在前两个阶段中，政府管理社会的方式愈发不能适应社会组

---

[1] 王名、蔡志鸿、王春婷：《社会共治：多元主体共同治理的实践探索与制度创新》，《中国行政管理》2014 年第 12 期。

织形态和社会阶层结构发生的重大变化，导致政府"角色缺位""角色越位""角色错位"现象大量出现；市场竞争机制不明显，社会力量受到限制且发育不良，民间力量失去应有效力。而在此阶段，由于治理模式要求多元主体间平等沟通相互合作，政府逐渐重视与社会力量的合作，沟通、协商、谈判、合同等合作方式得到越来越多的使用，治理方式逐渐以公共服务为导向，分散决策、居民自治、建议协商等方式逐渐受到重视，社会治理方式手段日趋多元化。

（五）社会治理效率

此种模式的社会治理效率明显高于前两种模式。治理主体间的沟通交流使得信息和资源能够迅速及时在治理主体之间进行传递；治理主体间的平等地位使得公共事务治理能够在最大程度上动员市场和社会主体参与，激发其主体责任感；信息的充分流通也使得政府能够提供合理数量和质量的公共产品与服务，满足人民的要求。在这种模式下，政府、社会、市场相互合作，优势互补，社会治理的绩效也是最高的。

三　小结

梳理我国社会治理结构的演进过程可发现，不同阶段的社会治理模式各有其背景和特点。传统的社会管控模式形成于新中国成立后，国家受到国内国情和国际局势的影响，不得不采取管控模式来保证社会秩序的正常运行，以应对总体性危机；1992年党的十四大正式提出建立社会主义市场经济体制，经济结构与社会结构的变动、国家制度上的变革促进了社会管理模式的形成；2013 年以来社会组织的完善和发展、公众参与意识和民主意识的增强、政府民主政治建设的发展推动了多元主体协作治理模式的形成，这有助于打造共建共治共享的社会治理格局，有助于形成党委领导、政府主导、社会协同、公众参与、法治保障的社会治理体制。治理模式不断发展并向更为成熟的方向演进，是令人期待的现象。这种演进体现了对传统社会管理方式的重大变革，治理主体和治理工具逐渐多元化，治理过程逐渐互动化，治理价值逐渐合理化。政府不再是唯一的主体，市场主体、各类社会组织乃至于每个社会成员都能够参与并影响未来社会治理的发展，这正是国家发展、社会进步的意义所在，也是实现善治的基本要求。

我国现阶段的社会治理更加强调各个治理主体通过平等协商、对话实现对社会公共事务的共同治理，更加强调社会民众的理解、配合与支持。[①] 但新的社会治理模式并非自然而然形成的。当前中国社会发展处于关键的转轨时期，而中国的社会治理模式也走到了重要的关口，社会治理模式在向多元治理模式转变的同时，也存在着政府陷入"行政泥潭"的风险。[②] "全能型"政府形象和强大的主动干预冲动是政府陷入"行政泥潭"的主要原因之一。由于地方政府间的竞争，地方政府官员的晋升考核往往与经济发展指标或者某些重要指标相挂钩，[③] 在我国独特的政绩考核

---

①　高圆：《非强制行政：社会治理创新的"软"着陆》，《人民论坛·学术前沿》2019 年第 18 期。

②　王春光：《城市化中的"撤并村庄"与行政社会的实践逻辑》，《社会学研究》2013 年第 3 期。

③　周黎安：《中国地方官员的晋升锦标赛模式研究》，《经济研究》2007 年第 7 期。

体系下，地方政府往往具有强大的动力对经济社会的发展进行行政干预。以公共事务治理为例，地方政府以强大的动员能力和充足的资金支持作为后盾，为了快速获得公共事务治理成果，地方政府往往倾向于不顾市场与社会诉求和逻辑，以行政力量强制推进。此种行为模式虽然会取得短期效果，但用行政逻辑代替市场逻辑和社会逻辑的方式有可能会"好心办坏事"，反而损害社会利益，使行政力量不断扩张，最终掌控社会的方方面面，政府也在泥潭中越陷越深。另外，在政府强势介入的背景下，市场和社会的自治能力进一步被削弱，市场和社会不仅缺乏独立解决社会问题的能力，还无法承担政府转嫁的各项职能，这反过来又强化了政府的行政干预。久而久之，政府在细致琐碎的公共事务治理上耗费的时间与精力越来越多，也越来越难以脱离"行政泥潭"。

因此，在"五位一体"总体布局的建设过程中，为了避免行政力量过度干预社会建设，应始终坚持贯彻"服务型政府"理念，守牢政府的职能边界，坚持人民本位、社会本位，使政府为市场和社会服务。同时还应积极培育市场和社会主体的参与能力、自治能力，推进公共服务社会化，政府采用分权或者授权的方式，将政府承担的某些公共服务的职能转移给社会组织，这样不仅有助于培养社会的参与意识，还有助于增强其参与能力，纠正过去社会对政府过度依赖的现象，从而形成社会治理中多元主体有效协作的局面。

十多年来，中国城市棚户区改造取得了伟大的成就。成就背后离不开政府、市场以及社会等多元主体的参与和协作，尤其是各地不同的棚改模式更加值得研究者进行深入的探究。以本研究的核心案例——成都市曹家巷棚户区改造来说，此案例鲜明地体现了在转型时期，政府、市场以及社会协作进行社会治理的过程的艰辛，同时也为新模式走向成熟提供了经验和可共检讨的样本。深入了解这种模式的内涵、运作机理及其生长逻辑，将有助于我们更好地从理论上把握社会治理演进的规律，从实践中理解治理模式演进的关键要素。

第四章
棚户区改造与《国有土地上房屋征收与补偿条例》

　　棚户区是指城市中结构简陋、居住条件差、居住功能不健全、影响人们生活质量的老旧房屋。城市棚户区改造不仅能够改善人们的居住环境，也能够创造土地收益，美化城市形象，促进城市健康发展。[①] 本章将首先对中西方棚户区发展与演进过程进行梳理，然后介绍我国棚户区改造的不同发展阶段，阐释棚户区改造历程中政府的行政行为和职能特征。在接下来一章，以成都市曹家巷等地的"自治改造"案例为典型进行研究，分析在棚户区改造的具体实践中社会治理模式如何实现由"政府主导"向"多元主体参与"的转变，从而为接下来分析项目的制定和实施过程做出铺垫。

[①]　董丽晶、张平宇：《城市再生视野下的棚户区改造实践问题》，《地域研究与开发》2008年第3期。

第一节　比较视野下的棚户区治理

一　国外棚户区治理模式演进

在国外，学界并没有"棚户区"的概念，人们经常以"贫民窟"的概念对大面积的贫民住区作出描述，概念类似于我国的棚户区。按照联合国人居署的定义，贫民窟是指"城市地区的高密度人口住房，其特点为房屋达不到标准、贫穷"①。

国外资本主义国家贫民窟的出现与我国有极大的不同。在国外，比如英国、美国这些发达资本主义国家早期，贫民窟出现的根本原因在于城市的快速扩张，大量处于农村或郊区的人口为了进入城市，逐渐在城市周边搭建简易的住房。随着城市边界向外扩展，简易棚屋居住条件恶劣，公共服务水平低下，犯罪率居高不下。一些发展中国家贫民窟的形成也是类似，比如巴西、印度等。我国的棚户区主要形成于新中国成立初期各城市工矿企业建设的大量工房，以及 20 世纪 90 年代以后快速城市化背景下形成的城中村。

包括西方发达国家在内的其他国家进行一系列棚户区改造的原因和深层逻辑在于城市发展和政府合法性的需要。这些国家政府对棚户区改造的主要原因包括改善居民生活状态和城市面貌，提高土地的商业价值以及维护社会稳定等。在发展中国家甚至发

① 联合国人居署：《贫民窟的挑战：全球人类住区报告（2003）》，于静等译，中国建筑工业出版社，2006。

达国家，贫民窟的存在有其必然性，它具有独特的社会功能，帮助城市贫民和进城农民以较低的成本融入城市生活，也为城市和农村之间提供一个中间地带和"城市阶梯"，因而对贫民窟进行改造的正确态度应该是升级和替代，而非进行清理和铲除，通过有效地改造贫民窟，真正让贫民窟的居民融入城市生活。

从社会实践上来看，国外关于城市棚户区改造的研究始于18世纪中叶的英国产业革命，并主要以减少和转化贫民窟为主要途径。在20世纪40年代后，西方各国开展了大规模的"城市更新"运动，而其棚户区改造主要经历了两个阶段。一是"消灭贫民窟"阶段。这一阶段的时间主要是从20世纪40年代后到70年代。在棚户区改造的初期，这一阶段主要是通过将贫民窟全部推倒的方式，来减少城市中心贫民窟的数量。虽然这一行为确实快速减少了市中心的贫民窟，但由于并没有解决居民的实际生活问题，实际上只是一种矛盾的转移，并对原有的邻里关系造成破坏。在"消灭贫民窟"后的一段时间，居民们又在城市外围搭建贫民窟，贫民窟数量再次上涨。二是"贫民窟改善"阶段。这一阶段的时间为20世纪70年代之后，其贫民窟改造范式主要为对贫民窟进行改善和提高社区的凝聚力。在这一阶段中，一些国家又提出了新的改革思路，主要包括改善人居环境，提高城市的基础设施水平，发挥社区在改造中的重要作用。可以说，国外贫民窟的改造过程也经历了一个由政府和市场主导，向多元主体协作治理方式的改变，在后期的治理过程中，采用了吸纳社会民间组织与居民参与的方式，并能够统筹考虑到居民与社区、家庭之间的联系，从而实现了政府动员与居民协同参与模式下的城市更新和改造。

国外对棚户区改造的典型方法包括，将棚户区改造纳入社会发展规划；吸引中小商家投资基础设施建设，完善贫民的医疗保险制度；开设公立学校，提高贫民素质等。① 英国政府主要通过贫民窟改造法律处理贫民窟问题，其立法逐渐实现了由维护社会秩序向以人为中心转变，于 1947 年出台了《城乡规划法》，于 2004 年出台了《2004 年住房法——住房、健康和安全等级体系》，并于 2008 年确立了《住房与再生法》，赋予家庭社区机构以实施贫民窟改造的权利，从而赋予了社区社会组织不通过政府同意就可以进行贫民窟改造的权利，确立了社会组织在贫民窟改造中的重要地位。② 巴西的贫民窟改造以政府为主导，并动员社会参与。早期的贫民窟改造以驱逐贫民窟居民、抑制贫民窟增长为主，到 20 世纪 90 年代以后，巴西政府逐步承认贫民窟的合法性，实现了将贫民窟改造和消除贫困、消除社会排斥相结合的目标。其中，政府主要采取了以下几方面措施。首先，对贫民窟进行升级改造，改善居民的生活条件。其次，政府将贫民窟纳入城市发展体系，改善贫民窟的非物质条件，增加社会对贫民窟的包容性。最后，充分发挥非政府组织和国际金融机构的作用，为贫民窟居民提供职业培训和资金支持。③

在国外贫民窟改造模式中，政府主要承担政策引导和公共服

① 陈慧、毛蔚：《城市化进程中城市贫民窟的国际经验研究》，《改革与战略》2006 年第 1 期。
② 王霄燕：《棚户区改造法治建设的英国经验》，《山西大学学报》（哲学社会科学版）2017 年第 3 期。
③ 杜悦：《巴西治理贫民窟的基本做法》，《拉丁美洲研究》2008 年第 1 期。

务的职责。首先，政府通过立法和行政手段限制贫民窟的增加，引导贫民窟改造项目的开展，并通过积极的就业政策和教育政策，使贫民尽快融入城市生活。其次，政府通过直接投资促进廉价公共住房的建设，并进行市场运作引导开发商建设廉价住房，提供了丰富的房源，缓解了居民的居住紧张问题。最后，政府积极与市场和社会开展合作，为市场牵线搭桥，通过政府拨款等方式鼓励和帮助私人公司投资，以便进行贫民窟改造，并出台相应法律，鼓励社会组织自发开展贫民窟改造项目。市场主要通过投资的方式参与贫民窟改造，促进廉价公共住房的修建和基础设施的建设。社区与社会组织在贫民窟改造项目中承担重要的服务职能。从 19 世纪 50 年代以后，伦敦出现了旨在改善住房的社会团体，如"首都改善勤劳阶级住房协会"等，为改善居民居住条件，推动和促进贫民窟改造起到了积极作用；在巴西的贫民窟改造进程中，政府重视发挥居民的自主活动和社区组织的作用，通过社区内部多种形式的自助活动，发挥社区灵活性优势，为居民提供多种形式的服务，并成为居民与政府沟通的桥梁，获得了居民的认可与支持。

二　中外棚户区改造中的治理方式比较

以 2011 年国务院《国有土地上房屋征收与补偿条例》（以下简称"新《条例》"）的颁布为界，本研究将我国的棚户区改造阶段分为新《条例》颁布前和新《条例》颁布后两个阶段。新《条例》颁布前，我国棚户区改造模式以政府主导为主；新《条例》颁布后，原有的政府主导模式难以为继，棚户区改造方式出现了根本性的改变。

在棚户区改造的整体进程上,我国和其他国家具有一些共同点。一是在政府的角色转型上,我国和西方国家都在整体上经历了由政府、市场主导向多元主体协作治理的转变,政府单位强制性手段趋于减少,而市场和社会的参与逐步增加,更加强调社区和邻里的重要性,对棚户区居民的生活关怀和后续安置政策逐步完善。二是在遇到的问题方面,我国和其他国家的棚户区改造治理过程都存在前期改造难以推行的问题,其中政府主要存在强制拆迁、城市规划不合理、征收补偿不规范的问题,而民众配合程度相对较低。

与国外棚户区改造过程相比,我国的棚户区改造模式主要具有以下几方面的不同特点。一是棚户区的属性和成因不同。国外贫民窟的成因属于个体因素所导致的循环流动,即主要是由农民和贫困人口搬入城市居住后形成的贫民窟,由于国外城市对农民进城没有落户限制,形成了"土地城市化和人口城市化并进"的局面。而我国的棚户区成因属于社会因素所导致的结构性流动,如城市发展进程中遗留的工矿区和城中村,受到国家环境和政策导向变化的影响较大。二是棚户区改造的治理主体不同。国外尤其是西方国家的城市化主要由市场力量主导,其中,市场主导的城市化模式能够加强对资源的调节,通过多元化的建设用地供给方式和资金渠道,运用市场机制调节用地价格,从而推动了棚户区改造的市场化进程。而中国的棚户区改造中,政府的作用远大于其他国家,从城市的规划到棚户区改造的具体实施,主要是在政府主导下完成的。纵向行政体系的层层推动也是促进棚户区改造发展的主要动力。三是多元治理模式的不同。在多元主体合作治理的模式方面，我国逐渐形成了以政府为主导的多元合作模式。从总体上来看，我国的棚户区改造分为城市棚户区、国有工矿棚户区、国有林区棚户区和国有垦区危房四种类型。东北老工业基地、徐州等资源型城市以国有公矿棚户区为主，其改造模式主要坚持"以民为本"的改造理念，政府适当推出廉租房等政策，提高拆迁补偿标准，徐州还采用了"产权共有"等模式，以促进贫困户能够享受到政策优惠，自愿参与棚户区改造。河北省主要以城市棚户区为主，主要采用了政府主导的棚户区改造模式，通过新建、改建的方式进行棚户区改造，并促进保障性住房的建设，发挥融资平台的作用，鼓励社会资本参与棚户区改造。浙江省温州市主要通过专门的工作机构进行改造，并设立"早腾空多奖励"模式，对提前签订搬迁协议、腾空房屋的进行相应的资金奖励，鼓励居民进行房屋搬迁，市场在其中的角色以服从者和参与者为主。相比之下，西方资本主义国家治理模式则更多地由市场参与城市的规划、建设和融资，市场在社会治理中的主动性较强。

在不同治理方式背后隐含的是不同国家社会治理的价值导向与城市发展方案，具体可以分为以下几方面。一是政府职能定位不同。在我国的棚户区改造过程中，政府承担主要责任，具有主导地位，其与我国政府的职能定位和政府的价值导向有关。西方国家的政府是有限政府，探讨的核心问题在于对政府作用的替代与最小化，因而政府的主要职能在于提供公共服务，为市场的有效运行提供基础保障，而非全面管控。在我国，政府在经济和社会生活中占据重要地位，主要体现在政府通过统一的城市规划、自上而下的制度设计与推行来实现对国家的统一管理。在"单位制"改制前，政府通过"单位"来加强对社会和居民的统筹整合，居民对于"单位"的人身依附性较强。而在"单位制"解体后，政府逐步转变职能，着力培育市场和社区的力量，从而形成了政府主导下的多元主体治理模式。二是政府的价值导向不同。资本主义国家在进行棚户区改造的过程中，所采用的主要是市场化导向的改革方式，对居民的整体补贴、福利相对较少，而我国的党和政府坚持"以人民为中心"的价值导向，在棚户区改造的征收和补贴过程中，会加强政府财政和相关政策的支持，并加强对后续居民回迁和安置的治理。三是城市规划和土地制度的不同。西方的贫民窟和棚户区改造主要集中在对城市中心区的贫民窟进行拆迁和转移安置，这是由于英美等发达国家的城市规划以中心辐射周边为主，并没有落户限制和土地出让金的"土地财政"制度。我国的棚户区更多来自政策因素导致的单位和工业家属区等，地点较为分散，同时，政府在土地征收时可能会考虑增量土地创造财政收入的问题，因而比起国外集中性棚户区改造运动，我国的棚户区治理问题具有复杂性和艰巨性，不能照搬国外经验。

第二节 新《条例》前的棚户区改造

一 我国棚户区改造的发展阶段变迁

我国的棚户区改造经历了一个从政府强力主导推进，到逐步联合市场和社会力量共同推进的转变，在国家治理层面则经历了一个从行政社会向治理型社会的转型。根据前文的分析，我国的社会治理模式在新中国成立后经历了社会管控、社会管理两个阶段，未来将向治理型社会过渡和转型。在新中国成立之前，我国为了解决国内整体性危机和进行工业化发展，主要采用强国家—弱社会的治理模式，以增强国家的权力。这里所谓的总体性社会是指社会的政治、经济和意识形态的高度一体化，国家的政治和权力高度集中，由政府统一管理，但结构较为僵化的社会形态。在此基础上形成的国家与个人关系被称为"单位制"，国家通过各个单位，向下分配任务，单位主要履行社会管理职能，人民的生活主要依附于工作单位。大多数地区的棚户区都创立于单位制时代，并由工作单位统一管理，而当改革开放后多数企事业单位解体，棚户区的拆迁和改造面临巨大困难。改革开放之后，社会结构实现了由总体性社会向分化性社会的转变，组织由"管理型单位"转变为"利益型单位"，地方社区开始成为利益主体，国家、企业与个人之间的关系由"行政性整合"向"契约性整合"转变。[1] 根据有关学者的观点，本研究认为从改革开放后到20世纪末，我国处于发展型社会，而20世纪末以后我国的社会治理是行政社会。此处所指的"发展型"社会，与西方的"市场社会"相似，但中国在改革开放后，行政力量仍然占据主导地位，对市场和社会发展起到指导作用，因此，采用国家促进社会发展的"发展型"社会的观点较为贴切。在发展型社会阶段，政府将过多的社会服务交给市场，放弃了一些本该由政府承担的公共职责，比如由企业改制所导致的员工下岗和失去单位福利等。

---

[1]　孙立平、王汉生等：《改革以来中国社会结构的变迁》，《中国社会科学》1994年第2期。

　　我国的棚户区改造在改革开放到 20 世纪末期进展较为缓慢，主要原因在于市场运作基于成本与收益分析，棚户区改造的成本大、经济运行周期的不稳定又可能导致利润不能弥补成本，再加之我国的市场经济发展不完全，并且新中国成立时期的房屋在改革开放时期仍属于较好的生活条件，因此，在发展型社会的环境中，棚户区改造进展缓慢。

　　现代服务型政府和回应型政府的转型，与发展型政府的历史延续相融合，逐步形成了行政社会。行政社会的大致时间是在 21世纪初期，在这一段时间，市场经济已经得到了一定的发展，而出现了行政过度干预社会的情况，其大大影响了社会共同体的独立性和自主性，政府的直接干预也导致了人民和政府的矛盾加剧，甚至出现了政府与市场的合谋现象，对于地方政府来说，其将市场和社会作为自己的一部分，为了追求政绩或者财政收入，政府可能会做出控制性和强制性行为，比如在棚户区改造中强制拆迁、在撤并村庄中强制征收农民土地等。造成行政社会产生的重要原因，是以经济建设为中心的政绩考核，以及改革后的财政分级制度。行政社会的逻辑是政府在做出决策之前，没有事先和社会、市场进行平等的沟通，而一旦问题处理不当，居民理所应当地归结于政府，从而造成居民和政府的矛盾；同时，政府的过于强势会削弱社会的自主性，长此以往会造成万能型政府嵌入社会生活的方方面面，使社会形成依赖政府的习惯，政府难以脱身。行政力量天生的扩张性和社会的被动逻辑导致了行政社会的形成，为了走出这个困境，政府应该学会培育社会的自组织能力，发展政府、市场和社会多元主体的共同治理，将原先的行政控制转变为促进相互协作，发展社会的自主性，充分促进与人民的沟通和协商，提高公民的话语权和自我管理的能力，即由行政社会向治理型社会转变。

棚户区主要起源于企业遗留的矿工房和老工业基地，以及在城镇化进程中滞留城市的人口和未及改造的村庄等。[①] 2005 年住建部发布了《关于推进东北地区棚户区改造工作的指导意见》，提出对东北等老工业基地居住条件和环境恶劣的棚户区进行改造，这代表着我国大规模棚户区改造的开始。中央于 2009 年决定在全国范围内开展棚户区改造，并在改革实践中总结经验。2014 年间，共计改造棚户区 2080 万套，在 2015～2020 年的"三个 1 亿人"政策实施阶段，共新建和改造住房 3300 万套。2020 年棚户区改造工程接近尾声，共计 5396 万套的棚改新区将有超过 1 亿人居住，约占全国人口的 10%。[②] 图 4-1 和 4-2 分别为 2013～2019 年全国棚改情况及 2014～2019 年四川省棚改情况。由此可知，我国的棚户区改造早期呈现较快的增长趋势，而随着改造过程的推进，棚户区改造的库存减少，棚户区改造呈现一定的下降趋势。

我国的棚户区改造过程大致分为三个阶段：启动与探索阶段（2005～2008 年）、由地方性政策上升至国家政策阶段（2008～2012 年）、全面深化棚改阶段（2013～2017 年）。[③] 而基于我国棚

---

① 董丽晶、张平宇：《城市再生视野下的棚户区改造实践问题》，《地域研究与开发》2008 年第 3 期。

② 李国庆：《棚户区改造与新型社区建设——四种低收入者住区的比较研究》，《社会学研究》2019 年第 5 期。

③ 李国庆：《棚户区改造与新型社区建设——四种低收入者住区的比较研究》，《社会学研究》2019 年第 5 期。

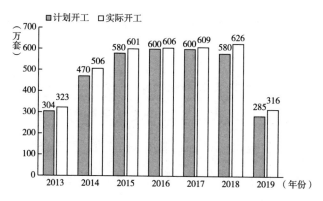

图 4-1　2013~2019 年全国棚改情况

图 4-2　2014~2019 年四川省棚改情况

户区改造的实践历程，本研究以新《条例》的颁布为界，将我国的棚户区改造阶段分为新《条例》颁布前的棚户区改造（20 世纪 90 年代至 2011 年）和新《条例》颁布后的棚户区改造（2011年至今）两个阶段。其划分依据主要有以下几方面原因。一是政策背景不同。新《条例》出台前，我国棚户区改造的政策主要以政府导向型政策为主，而缺乏将民意纳入棚户区改造的具体政策和法律规范；新《条例》出台后，明确将"公共利益"作为拆迁的前置条件，且对社会风险评估、民众参与等要素做了硬性规定。

法规和政策的变化，是导致前后棚户区改造模式发生大转变的根本原因。二是改造的主体和模式不同。2011年前的改造主体以政府的行政控制为主，由政府进行全盘规划并主导拆迁的进程；2011年后，逐步形成了以居民和社会为导向的社会治理模式，通过社会参与和市场融资，形成了多元协作治理的格局。三是棚户区改造的成效不同。在2011年之前，我国棚户区改造的模式中存在着强制拆迁等问题，引发了不少社会矛盾和遗留问题；而在2011年之后，通过出台新的制度，逐步实现了棚户区改造的科学化与合法化，并逐步形成了人民主动参与、征收过程规范、后续安置完善的治理模式，整体改革成效较好。

二 新《条例》出台前棚户区改造的政府主导模式

20世纪90年代至2011年，是我国棚户区改造的第一阶段，总体特征是政府主导下的棚户区改造模式。在2005年，辽宁省委启动全省集中连片棚户区改造任务，并建立了"党委领导、政府推进、社会参与、企业支持、社区自治"的"五位一体"的治理机制，开启了棚户区改造探索。2009年，住建部等部门发布了《关于推进城市和国有工矿企业棚户区改造工作的指导意见》，标志着在全国范围内展开棚户区改造行动。这一阶段依据的棚户区改造政策主要为2001年国务院颁布的《城市房屋拆迁管理条例》。在原有的政策框架下，棚户区改造的主要模式为政府主导模式，主要特征为政府对于城市规划、棚户区改造中的全面领导与管控，棚户区改造的资金来源为政府，而居民和社会在动员过程中缺少参与。这一阶段的棚户区改造过程主要分为以下几个方面。一是做出拆迁决定。由政府相关部门做出拆迁决定，负责房屋拆迁的单位需要向地方政府申请拆迁许可证。二是发布房屋拆迁公告。房屋拆迁部门发布房屋拆迁公告，并对拆迁人、拆迁时间等进行明确，房屋拆迁人须在规定时间内完成拆迁。三是拆迁实施阶段。由政府授权的单位进行拆迁工作的实施，未在规定期限内搬迁的被拆迁人，可由地方政府申请人民法院强制拆迁。

在这个阶段，房屋拆迁改全流程民众参与的空间非常有限，民众对于拆迁补偿标准、拆迁安置方式等重要问题没有太多的发言权。通常是由政府发布拆迁公告并向有关单位和个人下放房屋拆迁许可证，再由政府与居民进行一对一谈判，确定补偿安置方案，最后即便在居民并不完全接受方案的情况下，一般也会强制启动拆迁工作以及处理后续问题。房屋拆迁工作由政府掌控全程，居民意见得不到表达，不合理的补偿标准引发频繁的居民上访和恶性事件。此阶段的房屋拆迁工作可以说是问题频发。

在传统的棚户区改造模式中，政府发挥着资源和权力中心的作用。政府在政策制定和执行过程中占据主导权地位，政府通过制定棚户区改造规划、授予拆迁单位许可证等方式，在宏观上控制棚户区改造进程，而在棚户区改造的资金赔偿方面，也以政府资金占据主导地位，从而形成了拆迁人对于地方政府的弱势地位。政府承担着城市建设和棚户区改造的主要责任，居民希望获得相对更多的补偿，与政府展开利益博弈，出现了"钉子户"问题。而对于拆迁安置不到位的问题，居民也常常归责于政府，引发了一系列社会矛盾。市场和社会在政策制定和执行过程中参与较少，以被动执行为主，缺乏激励和协调措施。

在传统的棚户区改造模式中，政府和民众的冲突主要体现在强制拆迁上。强制执行是最容易导致社会风险的环节，可能导致一系列群体性事件、居民投诉、越级上访乃至引发公共危机。这些都显示了拆迁中强制执行存在的巨大社会风险，其主要原因来自政府拆迁行为的不规范，对民众诉求不重视、回应不及时，而居民的利益诉求没有得到协调和满足，双方冲突造成严重的社会后果。

很显然，在传统模式中，部分地方的拆迁存在以下几方面的问题。一是公权对私权的侵害。地方政府官员"唯经济是从"的政绩观以及地产开发商的经济利益驱动，导致政府在进行政策设计时以征地为先，而没有考虑拆迁方式和安置措施是否符合公共利益。二是传统拆迁条款的缺陷。旧的拆迁条例没有对拆迁流程、强制拆迁的条件作出明确的规定，这就给非法拆迁提供了较大的空间，甚至造成社会黑恶势力和政府勾结，导致房屋损害及人员伤亡，居民权益不能得到保障。三是地方政府的自由裁量权过大。拆迁制度中的程序缺乏科学化和程序化，在补偿标准、拆迁过程、房屋评估等方面给予了地方政府大量可操作的空间，使得在实际拆迁过程中存在不规范的政府行为。而改变拆迁模式的核心在于打破政府的垄断话语权，促进多元主体的平等协商，尤其是要保障各主体能够充分表达其利益诉求，并在政策制定过程中保障公平和公正。

三　棚户区改造过程中政府职能的转变

由于传统的棚户区改造过程中暴露出大量问题，中央和地方政府逐步调整职能，进行一系列改革。中央和地方政府就原有的房屋拆迁政策进行了改革与实践。从 2005 年辽宁省开展棚户区改造以来，国务院就着手对资源枯竭型城市开展棚户区改造进行研究部署，并出台了《关于推进东北地区棚户区改造工作的指导意见》，不仅为东北地区的棚户区改造实践确立了新的指导方针，也为全国其他地区开展棚户区改造打下了制度基础。2007 年国务院出台了第 24 号文件，将棚户区改造列为解决低收入家庭住房困难的主要任务之一，此后棚户区改造得到了快速发展。[①] 尤其是2011 年新《条例》颁布后，以棚户区改造为典型的房屋征收改造工作逐步规范。以中央政策为指导，各地方政府也根据当地经济社会发展的实际情况制定了棚户区改造的若干意见。以四川省为例，为贯彻落实中央文件精神，四川省地方政府制定出台了相应的实施意见，基层政府在此基础上制定了实施细则。对中央到地方的多个政策文件内容进行挖掘分析后发现自上而下层层推进的政策，深刻地影响了棚户区改造这项公共事务治理模式的演变，对社会公众参与社会治理以及公共事务多元协作治理模式的发展具有重要的推动作用。

2008 年，国务院办公厅发布了《关于促进房地产市场健康发展的若干意见》，提出了加大保障性住房建设力度，并提出通过

---

① 《国务院关于解决城市低收入家庭住房困难的若干意见》（国发〔2007〕24 号）。

三年的时间为低收入群体解决棚户区改造问题，对国有林区等棚户区改造、城市棚户区改造、保障性住房建设等方面提出政策指导。为了落实国务院意见，扎实推进城市和国有工矿棚户区改造，住建部于 2009 年发布了《关于推进城市和国有工矿棚户区改造工作的指导意见》，提出从 2009 年开始的 3~5 年时间内，基本完成集中成片城市和国有工矿棚户区改造。同时，财政部门也要求进一步提高对棚户区改造工作重要性的认识，要求各级财政部门积极主动参与制定本地区棚户区改造规划、年度计划、项目实施方案、拆迁补偿安置方案等相关配套措施。[①] 中央对棚户区改造工作的重视无疑是推动地方政府决策和执行的主要动力。以四川省为例，根据国务院、住房和城乡建设部以及财政部的意见，四川省政府办公厅于 2009 年 3 月印发了《四川省棚户区改造工程实施方案》，确定了全省范围内的棚户区改造实施范围、目标要求、工作步骤、政策支持等。为贯彻落实省级政府的指示，加快推进成都市中心城区危旧房改造工作，成都市政府于 2009 年 4 月成立成都市中心城区危旧房改造工作领导小组，统筹协调推进五城区及成都高新区危旧房改造工作相关事宜，负责危旧房改造项目的监督管理。[②] 在市政府的推动下，成都市金牛区、成华区等中心城区的棚户区改造工作有序进行，改善了居民的生活环境和质量，提升了市容市貌。在棚户区改造过程中，上级政府的意见、指示成为指导下级政府开展工作必不可少的依据。

---

① 《关于切实落实相关财政政策积极推进城市和国有工矿棚户区改造工作的通知》，（财综〔2010〕8 号）。

② 《关于成立成都市中心城区危旧房改造工作领导小组的通知》（成办函〔2009〕60 号）。

　　一个非常核心的进步是，政府开始对棚户区改造中的"公共利益"加以重视和界定。新《条例》中明确规定，任何房屋征收和拆迁活动必须以"公共利益"为前提，即"征收房屋必须是为了保障国家安全、促进国民经济和社会发展等公共利益的需要"。在法律上对"公共利益"加以明确是非常关键的，这在很大程度上限制了政府的随意拆迁，或出于自身利益而进行的拆迁项目，保障了民众的切身利益。此外，新《条例》也对征收的流程、过程中行政相对人的行政和法律救济等事项进行了明确的规定，这在很大程度上限制了房屋征收中政府滥用行政力量的可能性。在新《条例》出台前后，中央与地方政策其实已经开始对棚户区改造项目的合规性以及政府责任等做了一系列规定。以四川省为例，2009年四川省政府在《四川省棚户区改造工程实施方案》中明确了实施范围，同时界定了改造工程中"棚户区"的概念。① 方案的界定大大限制了地方政府随意改造的可能性。同年，成都市政府对房屋拆迁工作提出了要求规范，明确了对行政机关及其工作人员在拆迁过程中的违法违纪行为依法追究行政责任。② 在新《条例》颁布之后，2013年国务院提出要继续加强监督检查，严禁企事业单位借棚户区改造政策建设福利性住房，同时加强目标责任考核，落实目标责任制。③ 可见，棚户区改造项目的合法合

---

① 改造工程中的棚户区是指以平房为主，居民家庭收入低、住房困难（人均建筑面积低于当地城镇人均建筑面积的50%），房屋成新率低或破损率高，住房功能或配套设施不齐全，卫生环境差、消防隐患大的集中连片（达到50户以上）居住区。参见《四川省棚户区改造工程实施方案》（川办发〔2009〕14号）。

② 《成都市人民政府办公厅关于进一步规范城镇房屋拆迁工作的通知》（成办发〔2009〕74号）。

③ 《关于加快棚户区改造工作的意见》（国发〔2013〕25号）。

规性以及政府责任一直是棚户区改造工作中的重点，各级政府的各项规定限制了政府在拆迁改造中的随意行为，极大地维护了社会利益，促进了社会公平正义。这些文件法规的出台，不仅有利于棚户区改造工作的顺利进行，还为多元主体参与棚改项目奠定了制度基础。

此外，政府还加强了对多元主体参与棚改项目的方式和内容的考量。不可否认，我国早已进入利益多元化社会，如何对多元的利益进行平衡、如何回应各种不同的利益诉求，是关系社会稳定和国家长治久安的重大问题。棚户区改造涉及政府、市场以及社会等多元主体的利益，素来都被认为是拆迁难度非常大的"硬骨头"，利益矛盾非常复杂。随着社会治理的发展，吸收多元主体参与棚户区改造被实践证明是一项正确的决定，对减轻政府压力、维护市场和社会利益具有重要作用。例如，从棚改资金来说，棚户区改造支出项目繁多，从项目规划到补偿安置再到搬迁后的后续管理，每个阶段都需要耗费大量的资金，单凭政府财政支出难以保障棚户区改造的顺利进行。因此，鼓励市场、社会主体参与改造能够有效发挥多元主体的融资作用，为棚户区改造提供必不可少的资金支持。2009 年，住建部在《关于推进城市和国有工矿棚户区改造工作的指导意见》中指出，棚户区改造应坚持"政府主导，市场运作。多渠道筹措资金，采取财政补助、银行贷款、企业支持、群众自筹、市场开发等办法多渠道筹集资金"。多样化的融资渠道有利于拉动投资和消费需求，带动相关产业发展，采取群众自筹也有利于提高公共产品和公共服务的资源配置效率，减轻政府财政投入的压力，促进多元主体间的互助合作。

　　既然是作为一项民生工程，棚户区改造必须坚持以人为中心，维护人民群众的切身利益。在传统的房屋拆迁中，政府具有垄断拆迁工作的话语权，民众意见难以表达，强拆事件频繁发生，造成了公权对私权的侵害。因此，鼓励多元主体参与棚户区改造，有利于维护人民利益、缓和社会矛盾，真正实现棚户区改造解决人民住房困难、维护社会稳定的功能。2011 年国务院办公厅发布的《关于保障性安居工程建设和管理的指导意见》中就明确规定棚户区改造要尊重群众意愿，扩大群众参与，切实维护群众合法权益。2013 年国务院发布的《关于加快棚户区改造工作的意见》中也指出要充分调动企业和棚户区居民的积极性，动员社会力量广泛参与。可见，随着棚户区改造的推进，政府已经意识到社会民众的力量对棚户区改造成功起着决定性的作用，发挥社会力量参与社会治理，不仅能够维护社会稳定，也为多元协作治理模式的形成打下了坚实的基础。

第三节　新《条例》出台后的棚户区改造

一　新《条例》下的棚户区改造背景

　　2011 年 1 月发布的新《条例》，规范了政府对土地的征收，将征收责任收归政府，这些都为棚户区向法治基础下的多元主体协作治理提供了基础和保障。在新《条例》的规范之下，2012 年之后，棚户区改造模式逐步转向了一种新的模式，这也标志着棚户区改造正式进入了新阶段。

2014 年，李克强总理在《政府工作报告》中指出，要积极推进"三个 1 亿人"政策，推进以人为核心的新型城镇化建设。[①] 2016 年之后，中央出台了一系列相关政策，并提出于 2020 年基本结束全部的棚户区改造。2020 年以后，中国大规模由政府推动的棚户区改造工作告一段落。此后，地方政府仍然可能会进行棚户区改造，但将以分散零星的方式进行，同时代之以另一项民生工程：城市老旧小区的改造。[②]

表 4-1、4-2 是国家、四川省和成都市近年来关于棚户区改造的相关政策梳理，从中可以看出棚户区改造的政策逐渐由政府的全面管理向政府和社会协作治理的方向转变，强调社会和市场在棚户区改造中的政策参与，从而实现了棚户区改造模式向民主化和法制化的转型。

在 2011 年后，我国棚户区改造的政策制定过程在合法性和民主参与性上得到了很大的提升，并逐步发展出鼓励多元主体参与的政策模式。根据新《条例》，房屋征收决定的做出需要具备三个要素：征收补偿方案、社会风险评估报告以及征收补偿费用到位。在三者齐备的情况下，地方政府才可以发布征收决定公告，进行房屋的拆迁和征收。根据新《条例》，房屋征收过程主要包括

[①] 《解决好现有"三个 1 亿人"问题》，中国政府网，www.gov.cn/xinwen/2014-03/05/content_2630172.htm。

[②] 城镇老旧小区是指城市或县城中建成年代较早、失养失修失管、市政配套设施不完善、社区服务设施不健全、居民改造意愿强烈的住宅小区。2020 年 7 月 21 日，国务院办公厅发布了《关于全面推进城镇老旧小区改造工作的指导意见》，提出到 2022 年，基本形成城镇老旧小区改造制度框架、政策体系和工作机制；到"十四五"期末，力争基本完成 2000 年底前建成的需改造城镇老旧小区改造任务，并提出要建立健全相关的组织实施机制，建设政府、市场和社会共同参与的治理模式。

表 4-1　国家有关棚户区改造的相关政策

《国务院关于解决城市低收入家庭住房困难的若干意见》（国发〔2007〕24 号）
《关于推进城市和国有工矿棚户区改造工作的指导意见》（建保〔2009〕295 号）
《关于切实落实相关财政政策积极推进城市和国有工矿棚户区改造工作的通知》（财综〔2010〕8 号）
《关于城市和国有工矿棚户区改造项目有关税收优惠政策的通知》（财税〔2010〕42 号）
《关于中央投资支持国有工矿棚户区改造有关问题的通知》（建保〔2010〕56 号）
《国务院办公厅关于保障性安居工程建设和管理的指导意见》（国办发〔2011〕45 号）
《关于加快棚户区（危旧房）改造的通知》（建保〔2012〕190 号）
《国务院关于加快棚户区改造工作的意见》（国发〔2013〕25 号）
《国务院办公厅关于进一步加强棚户区改造工作的通知》（国办发〔2014〕36 号）
《国务院关于进一步做好城镇棚户区和城乡危房改造及配套基础设施建设有关工作的意见》（国发〔2015〕37 号）
《住房城乡建设部　国家开发银行关于进一步推进棚改货币化安置的通知》（建保〔2015〕125 号）
《住房城乡建设部　财政部　国土资源部关于进一步做好棚户区改造工作有关问题的通知》（建保〔2016〕156 号）

表 4-2　四川省和成都市有关棚户区改造的相关政策

四川省层面	《四川省人民政府办公厅关于印发四川省棚户区改造工程实施方案的通知》（川办发〔2009〕14 号）
	《关于做好危旧房棚户区改造调查统计和规划编制工作的通知》（川建发〔2013〕23 号）
	《四川省人民政府关于加快推进危旧房棚户区改造工作的实施意见》（川府发〔2014〕15 号）
	《四川省人民政府关于进一步做好城镇危旧房棚户区及农村危房改造工作的实施意见》（川府发〔2016〕40 号）
	《四川省财政厅　四川省住房和城乡建设厅关于印发〈四川省城镇保障性安居工程专项资金管理办法〉的通知》（川财综〔2017〕19 号）

续表

四川省层面	《四川省财政厅 四川省住房和城乡建设厅关于印发〈四川省城镇保障性安居工程财政资金绩价实施细则〉的通知》（川财综〔2017〕19号）
	《成都市人民政府批转市住房解困解危工程领导小组办公室关于进一步加快城区低洼棚户区危旧房屋改造的实施意见》（2002）
	《成都市人民政府办公厅关于进一步规范五城区城市房屋拆迁工作的意见》（成办发〔2008〕75号）
成都市层面	《成都市人民政府办公厅关于进一步规范城镇房屋拆迁工作的通知》（成办发〔2009〕74号）
	《成都市人民政府办公厅关于成立成都市中心城区危旧房改造工作领导小组的通知》（成办函〔2009〕60号）
	《成都市人民政府关于进一步加强城镇住房保障工作的意见》（成府发〔2010〕14号）
	《四川省成都市人民政府办公厅关于贯彻落实〈国有土地上房屋征收与补偿条例〉有关问题的暂行意见》（成办发〔2011〕71号）
	《成都市人民政府办公厅关于进一步推进北城改造有关政策的意见》（成办发〔2012〕20号）
	《成都市城乡房产管理局关于印发〈关于在房屋征收中做好模拟搬迁工作的指导意见〉的通知》（成房发〔2012〕36号）
	《成都市人民政府办公厅关于进一步推进中心城区旧城改造规范房屋征收与补偿行为的通知》（成办发〔2013〕57号）
	《成都市人民政府办公厅关于进一步推进五城区棚户区改造工作的实施意见》（成办发〔2014〕6号）
	《成都市城乡房产管理局关于进一步规范棚户区改造工作的通知》（成房发〔2014〕37号）
	《成都市城乡房产管理局关于发挥群众作用做好居民自治改造工作的指导意见》（成房发〔2014〕97号）
	《成都市城乡房产管理局关于印发〈成都市2015~2017年棚户区改造规划〉的通知》（2015）
	《成都市城乡房产管理局关于印发〈成都市2018~2020年棚户区改造规划〉的通知》（成房发〔2017〕58号）

以下几个阶段：确定房屋征收范围，房屋征收的相关部门组织棚户区房屋调查登记，拟订征收补偿方案，社会稳定风险评估，做出房屋征收决定。[①] 新《条例》规定，市、县级人民政府负责本行政区域的房屋征收与补偿工作，地方政府为了实现公共利益，应当科学制定国民经济和社会发展规划、土地利用总体规划、城乡规划和专项规划，将其纳入市、县级国民经济和社会发展年度计划，由房屋征收部门拟定征收补偿方案报上级政府，并根据群众意见对征收补偿方案进行修改，进行社会稳定风险评估，并在做出房屋征收决定后及时公告，被征收人不服从房屋征收决定的，可以依法申请行政复议或提起行政诉讼。[②]

根据《四川省国有土地上房屋征收与补偿条例》的规定，启动房屋征收程序前，房屋征收部门应当组织征求房屋所有权人的意见，进行先行协商。房屋所有权总面积超过 2/3 且总户数超过 2/3 的房屋所有权人明确同意改建的，方可纳入旧城区改建范围，并按照前条规定启动房屋征收程序，由房屋征收部门对房屋征收范围内的房屋权属、区位、用途、建筑面积等进行调查登记，并对房屋调查结果进行公示，公示期不得少于 7 日。房屋征收部门对征收补偿费用进行测算，拟订征收补偿方案并报市、县级人民政府，市、县级人民政府对方案进行审核论证、公布征求公众意见，其时间不得少于 30 日。市、县级人民政府应对社会稳定做出风险评估，对其合理、合法和可行性进行论证，并保障征收补偿费用到位。最后，市、县级人民政府做出房屋征收决定。

---

① 覃应南:《决定房屋征收的基本流程和工作标准》,《城乡建设》2012 年第 8 期。
② 《国有土地上房屋征收与补偿条例》,中华人民共和国国务院令第 590 号,2011。

2012 年成都市城乡房产管理局印发《关于在房屋征收中做好模拟搬迁工作的指导意见》，将模拟搬迁分为两个阶段：模拟搬迁方案制订和模拟签约。在方案制订阶段，房屋征收部门需要对居民的改造意愿进行调查，并对房屋进行权属调查与登记，同意改造户数比例达到总户数 95% 的，方能启动模拟搬迁，并开展房屋价值评估、拟订房屋补偿安置方案、签订补偿安置协议等工作；在模拟签约阶段需要居民签订模拟搬迁补偿安置协议，签约率达到95% 的比例后，房屋征收部门可以做出征收决定，模拟搬迁即转为正式搬迁。这是一种改造方和业主的民事协议，是平等主体之间的一种自愿协商，充分保障了公民的知情权、决策权和参与权。

通过对全国几个重点城市的相关政策进行对比，我们发现其与国家层面的新《条例》中政策制定的规定过程大致相同，只存在一些细节上的差异：2011 年出台的《上海市国有土地上房屋征收与补偿实施细则》中规定，政府的房屋征收部门在确定房屋征收范围后，需要向社会发布公告，并对旧城区改建的意愿进行征询，90% 以上被征收人同意的，方可继续进行旧城区改建，并对房屋情况进行调查登记，并拟订征收补偿方案向社会进行公布，召开听证会征求被征收人、房屋承租人和律师等的社会意见。其更加明确了居民意愿在征收方案制订过程中的作用，通过听证会为群众提供了利益诉求的表达渠道。同年，《重庆市国有土地上房屋征收与补偿办法（暂行）》中提出，在房屋征收中房地产的价格评估机构由被征收人协商选定，房地产评估机构对房屋进行预评估，并为制订征收补偿方案提供预评估单价，从而能够保障房屋的补偿价格符合市场环境，有助于实现政策的公平性。2020

年出台的《吉林省国有土地上房屋征收与补偿办法》中特别对公共利益的界定进行了更加明确的规定，即"市、县级人民政府应当对拟征收房屋项目的公共利益属性进行论证。对符合法律、行政法规规定的公共利益情形的确需征收房屋的建设活动，发展改革、自然资源等部门应当分别对是否符合国民经济和社会发展规划、国土空间规划和专项规划情况进行审查，并出具书面审查意见"。

相比"拆迁时代"，新《条例》明确了政策制定的步骤和过程，将政府的征收行为纳入法律监管之下，同时也在每个环节中添加了公民听证的相关环节，能够保障居民和社会的参与渠道，为多元主体参与棚户区改造提供了制度条件。传统拆迁阶段，政府主要通过行政手段主导拆迁和征地，在拆迁过程中较少征求居民意见，而是单方面地宣布拆迁和改造方案。往往出台的安置方案并不能使居民满意，甚至影响了居民的正常生活，因而遭到了抵制，引发暴力拆迁等问题。这种自上而下的行政手段显示了一种行政社会的治理逻辑，即政府主导或过度干预政策议程，并以最简单的办事原则出台政策，但是结果不能满足居民的实际情况，并且压制了居民参与公共生活的主动性和积极性，使得居民的自组织性弱化。在以民意为主导的政策制定过程中，政策制定主要通过听证会等方式吸引群众参与，并通过实地的各项政策使得社会组织和市场也能够在棚户区改造的方案制订中发挥作用，由此保障了政策制定程序的合法性和正当性，使得出台的房屋征收政策更加合理、更符合多方利益，体现了一种治理社会的运作逻辑。王春光认为，从行政社会向治理社会转变的关键在于，用行政资源培育社会自组织能力，以社会组织力量制约行政行为，形成政府与自组织的相互制约与合作。[①] 由此可见，政府应当发挥其资源和权力优势，通过政策规定等方式培育社会组织的政治参与能力，促使其有效地参与公共政策的制定和执行，并与社会共同合作商讨对策，通过相对完善的政策共同解决社会问题。

二　新《条例》下棚户区改造的新模式

前文提到，新《条例》明确了房屋征收改造中决策制定步骤和过程，在每个环节中都设置了居民意见表达和参与环节，不仅规范了政府的征收行为，还保障了居民的知情权和参与权。相比 2001 年的《城市房屋拆迁管理条例》，新《条例》还有另外的进步之处，这些地方更加体现了我国在规范房屋征收改造、保障人民群众合法权益方面所做出的努力。2001 年颁布的《城市房屋拆迁管理条例》在运行过程中暴露出了许多弊端，拆迁所导致的社会问题、社会纠纷层出不穷，因此废止拆迁条例已成为社会共识。2011 年颁布的新《条例》曾两次公开征求意见，在拆迁条件和拆迁程序等各方面相较于《城市房屋拆迁管理条例》有了根本性的改观。曹家巷等地的棚户区改造开始于新《条例》颁布后不久，因此，在达成征收决定和征收过程中所采取的方法措施都严格遵守了条例的规定，有效地避免了拆迁后所带来的附加问题，这也是曹家巷等地棚户区改造成功的

---

① 王春光：《城市化中的"撤并村庄"与行政社会的实践逻辑》，《社会学研究》2013 年第 3 期。

重要原因之一。

（一）名称变化体现了对政府行为的约束

征收条例相较于拆迁条例的进步性首先体现在名称的变化上。"拆迁管理"改为"征收补偿"体现了理念的转变。《城市房屋拆迁管理条例》将政府的作用界定为监督管理，从字面上即可看出，政府并不是拆迁的行政主体，所以政府对被拆迁者所负的责任是不清晰、不明确的，这就为市场和政府结合并追逐利益提供了制度上的空间和可能。而新《条例》所体现的政府与被征收人之间的关系是一种行政关系，政府是征收和补偿工作的组织实施者，政府不仅要亲自参与实施征收活动，而且还要在整个过程中对民众承担责任。新《条例》使政府与民众成为直接的行政关系，因而相互之间建立了法律上的权利与义务关系，使得政府的行为处于严格的法律监管之下。从这一方面也可以看出新《条例》更加规范，"拆迁前先补偿"的原则体现了公平合理性，在一定程度上避免了暴力拆迁、强制拆迁的发生。

（二）对公共利益的界定更加明确

2001年的《城市房屋拆迁管理条例》并未对公共利益进行严格和明确的区分，致使除正常的出于公益考虑的拆迁之外，往往更多的是出于商业、经济利益或产业发展而实施的拆迁。这些实质上是商业开发项目的实施，增加了政府的财政收入或推动了地方政府城市规划的落实，同时也给开发公司带来了可观的利润。但不得不说，由于较低的补偿标准与较高的商品房市场价格，拆迁户的利益受到了损害。新《条例》中明确表明

"征收房屋必须是为了保障国家安全、促进国民经济和社会发展等公共利益的需要"①。这一规定不仅杜绝了征收与商业拆迁混为一谈的现象，还在很大程度上维护了公共利益与政府公信力。

（三）征补范围和标准更加合理

原来的《城市房屋拆迁管理条例》是对征收房屋的价值以及因征收房屋而进行的搬迁等进行补偿。新《条例》对拆迁造成的停产停业损失提出了补偿规定，从而扩大了征收补偿范围。在补偿的原则方面，明确了公平补偿原则，有利于对被征收人财产权等合法权益的尊重与保护。

（四）司法强拆取代行政强拆

最后一个明显的进步是新《条例》取消了行政强制拆迁，将强制拆迁权收归人民法院行使。也就是说，被征收人在法定期限内不申请行政复议或者不提起行政诉讼，在补偿决定规定的期限内又不搬迁的，由做出房屋征收决定的市、县级人民政府依法申请人民法院强制执行。② 这在很大程度上限制了政府的权力。以往政府既是强制拆迁的执行者，又是拆迁纠纷的裁决者，这不仅很大程度上导致了行政机关的权力缺乏监管，影响了政府在人民心中公平公正的形象，而且还使得滥用强制拆迁的现象十分普遍，

---

① 《国有土地上房屋征收与补偿条例》（中华人民共和国国务院令第590号）所明确的几种公共利益的情形包括：一、国防和外交的需要；二、由政府组织实施的能源、交通、水利等基础设施建设的需要；三、由政府组织实施的科技、教育、文化、卫生、体育、环境和资源保护、防灾减灾、文物保护、社会福利、市政公用等公共事业的需要；四、由政府组织实施的保障性安居工程建设的需要；五、由政府依照城乡规划法有关规定组织实施的对危房集中、基础设施落后等地段进行旧城区改建的需要；六、法律、行政法规规定的其他公共利益的需要。

② 《国有土地上房屋征收与补偿条例》，中华人民共和国国务院令第590号，2011。

甚至对被拆迁人的人身财产安全构成了极大的威胁。现在由人民法院来实施强制拆迁，能够限制行政机关滥用权力，有效减少拆迁乱象，又可以保证执行主体的公正性，在避免滋生腐败的同时还为居民的申诉救济提供了保障，这契合了我国建设法治国家的要求，可以说是新《条例》的一个很大进步。

不可否认，相较于以往的《城市房屋拆迁管理条例》，新《条例》推动了房屋拆迁规范化、合法合理化的进程。政府不再用强制手段实施拆迁，而是充分尊重居民意愿，在拆迁的各个环节都贯彻了法治政府和服务型政府的理念。居民也根据相关规定，发挥主人翁精神，积极参与到拆迁改造的过程中来，合法地维护自身利益。可以说新《条例》的颁布和执行在很大程度上改变了我国的房屋征收改造工作的法制格局，对后续全国范围内的棚户区改造过程中的决策制定与征收执行都产生了重要影响。

由此可见，新《条例》对政府的征收行为进行了严格规范，为棚户区居民提供了全方位的权益保护。但严格流程限制和权利保护在实践中可能带来一个意想不到的后果：老旧不适宜居住而被政府纳入征收范围的棚户区，其居民由于种种原因，最终很难达成相对一致的意见。比如有些业主可能有多套住房，本身并不住在拟征收的房屋内，因而并不急于同意征收；有些住户希望能多得到一些补偿款，于是通过多种策略与政府展开博弈。种种因素导致政府对棚户区的征收决定难以落实，地方政府不得不花费大量的时间和精力与业主沟通、谈判、评估风险。最终的结果是，地方政府要么取消征收决定，要么不得不面对大量的申请强制执行的任务。

我们前面提到，由于历史原因，直到 2010 年以后，中国许多城市都仍存在大量的棚户区。对这些棚户区进行改造，是地方政府不得不面对的艰巨任务。那么，地方政府怎样来解决这个两难的问题呢？实践上，一些地方政府在工作中摸索出一套行之有效且非常巧妙的办法："模拟搬迁"。

所谓"模拟搬迁"，是指对于纳入征收计划的棚户区，地方政府并不急于公布补偿标准，也不急于与居民一对一签订征收协议，而是在正式提出补偿标准和与居民签订征收协议之前，设置一个前置条件：改造范围内所有业主对政府提出的补偿标准和拆迁方案的同意率要高于某一个比例（这个比例在实践中往往非常高）之后，才会触发正式的搬迁或征收程序。

模拟搬迁这种模式最早出现于成都市锦江区。[①] 2008 年，成都市锦江区南光厂宿舍 300 多户居民，由于所居住的"筒子楼"条件十分恶劣，联名向锦江区委和区政府递交拆迁改造请愿书。在当时，城市房屋拆迁所适用的还是 2001 年的《城市房屋拆迁管理条例》。由于在那个时候，各个地方政府强势主导拆迁所引发的案例屡见不鲜，引发了不良的社会反应，区委区政府显然不愿意陷入舆论的泥潭，但辖区居民的强烈需求又不得不回应和解决。经过反复地研究、座谈，区委区政府最终决定充分尊重群众愿望，发挥群众主体作用，遵循市场规律，创新性地提出了模拟拆迁的工作思路。

成都的成功经验为全国其他地方推进棚户区改造开辟了一种

---

① 刘建国：《成都锦江区拆迁新模式——拆与不拆主动权在群众》，《成都晚报》2008 年 7 月 30 日。

全新的思路，很快其他地方也开始在棚户区改造中效仿这种模式。

2013 年 4 月，安徽省芜湖市通过对成都市棚户区改造的考察和调研，并结合当地实际情况开展了"模拟搬迁转征收"的方式。其主要步骤也包括实行民意调查，同意户数未达到 90% 不能进行搬迁；在规定时间内达到 90% 以上签约比例，政府则可以发布征收公告，以模拟搬迁的补偿方案作为最终补偿方案。[①] 天津市也主要采用政府购买棚改服务的方式，居民递交申请不低于 80% 的比率后，由区县政府通过政府公开择优选择棚改实施主体，由企业承担棚改拆迁、房屋安置等工作，采用宅基地换房、按人数分房和货币补偿三种方式。

三 新《条例》下棚户区模拟搬迁的运作模式

模拟搬迁在实际运行中具有固定的程序和模式，一些地方政府还以指导意见的形式对其下辖区县实施的棚户区改造工作的流程加以规范。以成都市为例，2012 年，成都市城乡房产管理局印发了《关于在房屋征收中做好模拟搬迁工作的指导意见》（以下简称《意见》）。从《意见》中我们可以将模拟拆迁的运作分为三个阶段。

《意见》对国有土地上房屋征收的各参与者做了相应界定。房屋征收主体为市、区（市）县政府。该级政府负责本行政区域内国有土地上房屋征收与补偿工作，做出房屋征收、补偿决定。征收部门为市、区（市）县房管部门，该部门负责组织实施本行

---

① 史先明、吕云飞：《"模拟搬迁转征收"模式的适用性和工作难点》，《城乡建设》2013 年第 12 期。

政区域的房屋征收与补偿工作，包括发布模拟搬迁公告，拟订补偿方案，组织补偿方案论证，受理房屋征收信访投诉及法规政策的解释、宣传工作等。实施单位为房屋征收部门委托的征收主体确定的事业单位或国有企业。下面以成都市为例，对模拟拆迁的三个阶段进行介绍。

第一阶段：模拟拆迁方案制订与公布阶段。此阶段的核心是评估范围内业主的拆迁意愿及拆迁的补偿方案。

第一，模拟拆迁的启动。房屋征收部门根据房屋征收年度计划，按照项目实施步骤和进度安排向征收主体提出启动模拟搬迁的申请。

第二，发布公告。征收主体同意启动后，由房屋征收部门在改造范围内发布模拟搬迁公告，公布模拟搬迁实施单位、模拟搬迁期限、改造范围、启动条件、工作步骤、咨询及投诉电话等相关事项。

第三，调查登记。房屋征收部门对居民的改造意愿进行调查，并对改造范围内房屋的权属、区位、用途、建筑面积等情况组织调查登记，并公布调查结果。改造范围内居民对结果有异议的，在规定时间内以书面形式向房屋征收部门提出。当同意户数未占总户数的95%时，房屋征收部门即终止模拟搬迁。

第四，初次评估。同意改造户数达到改造范围内总户数95%的，房屋征收部门组织改造范围内居民协商确定房地产价格评估机构。之后，评估机构独立、客观、公正地按相关评估技术规范开展改造范围内房产的价值评估工作。

第五，方案征询。房屋征收部门需要在调查登记与评估的基础上拟订拆迁补偿方案，并对模拟搬迁方案和改造范围进行公布，征求公众意见。如果改造范围内95%以上户数认为模拟搬迁补偿方案不符合新《条例》规定，房屋征收部门组织由居民和公众代表参加的听证会，并根据听证会情况修改方案。

第二阶段：模拟拆迁签约阶段。此阶段的核心工作是对模拟拆迁补偿方案进行宣传和动员，房屋征收部门与业主进行模拟签约。

房屋征收部门与业主签约。在规定的签约期满后，将可能出现三种情况。一是在模拟搬迁期限内，如果模拟搬迁签约数达到总户数的95%，房屋征收部门可以按规定做出房屋征收决定，并以模拟搬迁方案作为征收补偿方案，模拟搬迁协议生效并与征收补偿协议具有同等效力。二是签订模拟搬迁协议的签约率达到100%的，当事人双方应当按照约定履行协议，不再做出房屋征收决定。三是签订模拟搬迁协议的户数不足95%的，终止模拟搬迁。

第三阶段，项目实施阶段。

一旦上一阶段的模拟拆迁签约率达到设定的最低比例，且项目符合"公共利益的需要"的法律规定，则项目正式启动并进入房屋补偿和征收阶段。如果项目是100%签约，则对业主进行补偿。如果签约率超过95%，但又不足100%，则还要对未签约的业主展开行政征收工作：被征收人在法定期限内不申请行政复议或者不提起行政诉讼，在补偿决定规定的期限内又不搬迁，征收主体依法申请当地人民法院强制执行。此阶段的主要工作除补偿、征收外，还有搬迁、安置和返迁。

　　在众多城市棚户区改造实践中，成都市曹家巷的棚户区改造是较为典型的案例。第一，该棚户区的形成背景具有代表性。曹家巷案例属于典型的具有国有企业背景的城市棚户区改造，因而其改造过程中的痛点难点具有普遍性，能够代表我国棚户区改造的整体情况。第二，该棚户区的改造既包含着该社区内广大住户的热切期盼，同时也体现了政府对于提升城市形象、优化城区空间结构的目的。第三，该案例也体现了社会公共事务治理模式的转换：从政府的强力推行到多元力量的协作推进，反映了棚户区改造的协作治理模式。第四，虽然曹家巷的"自治改造"实践并非首创，但从过程来看是比较曲折和艰辛的，最终结果是比较成功的，曹家巷案例的成功对于推动模拟搬迁和多元协作改造在全国的铺开发挥了重要作用。

　　下文将以成都市曹家巷棚户区为典型案例，结合全国其他地方的实践，分析曹家巷改造的背景和改造过程，从而更好地理解棚户区改造中体现出的向多元协作模式转变的具体内容、关键要点以及地方政府在这一转变中所扮演的角色。

第五章

成都市曹家巷棚户区改造案例呈现

第一节　曹家巷棚户区概况介绍

成都市曹家巷位于成都市的核心地带，其具体位置在成都市金牛区，南临府南河，北至一环路北四段，东接府青路一段，西临解放路辖区。

曹家巷最早是作为职工的居民宿舍区而建造。1953年，西南第一工程公司为了支援成都工业建设而搬到成都，因而由成都市建筑工会修建了一批职工宿舍区。随着职工宿舍区规模的不断扩大，楼房已由起初的26栋逐步扩大到集中成片的职工居住区。20世纪五六十年代，曹家巷建起一排排红砖房，每户大概15平方米。在当时，住在红砖楼房里是惹人羡慕的。西南第一工程公司作为当年的"大单位"，不仅有自己的职工宿舍，还有幼儿园、学校、医院等基础设施。①

---

① 当时的西南第一工程公司有幼儿园、学校（子弟小学、中学、建筑职工大学、党校）、四川省建筑医院等设施。

改革开放和 20 世纪 90 年代的市场化改革以来，国有企业事业单位的职能发生了重要变化，在清晰的职能范围下"单位制"最终解体，"单位办社会"的模式逐渐被市场化的运行机制所替代。2002 年 6 月，四川华西集团有限公司整合了多个法人实体和省外重要经营区域的组织机构和施工力量组建成特级公司，从此住在曹家巷的大部分职工成为华西集团的职工。市场化改革后的华西集团作为独立的市场主体，不再对职工实行原来单位式的保障，缺少了资源支持的曹家巷发展渐渐迟滞。对于曹家巷职工这样的"单位人"，其从出生到死亡的一切社会行为都可以在单位中完成，单位是职工的保障和依托，而当"单位制"解体后，他们的生活和居住环境也就失去了公司支持。

随着时代的进步和社会的发展，曹家巷变成了成都市中心最大的棚户区。在曹家巷区域的 65 栋房屋内居住了约 1.4 万人，而他们的房屋中有 38 栋都被鉴定为 D 级危房，存在着房屋老化的种种问题。"外面下大雨，屋里下小雨，出门一身泥"，曹家巷居民如此描述自家在下雨时遭遇的情形。在生活条件方面，居民们主要通过公用厨房、旱厕、露天排污渠等方式进行生活，三家人共用一个厨房。旱厕共 7 个，却没有排污设施，工人每周来清理一次。夏季气温高时，散发出阵阵恶臭。露天排污渠也经常堵塞。2008 年的汶川大地震，成都地区虽然受灾情况不严重，但还是使得曹家巷这些本就被确认为危房的建筑更加岌岌可危，曹家巷的住户也更加没有安全感。

曹家巷的人文环境也很糟糕。曹家巷地处成都市的中心地带，在地理位置和交通上较为方便，租金也较为低廉，这一点吸引了许多低收入阶层前来入住。在曹家巷居民日渐增多的情况下，居住环境逐渐不能满足居民需求。有条件的居民可以将旧房出租，并搬到新房居住，而经济较为困难的家庭则需要继续住在这十多平方米的小房间中，有人把这片区域称作繁华都市中一个被遗忘的角落。

第二节　改造难在何处——各方的利益分析

曹家巷居民对于改善居住环境的呼声从 20 世纪 90 年代开始日益升高。在"5·12"汶川地震之后，老百姓更加希望能够进行改造，先后到省国资委、省建设厅和华西集团递交材料并申请改造。在此过程中，由于缺少明确的利益表达渠道，居民在政府、单位都没有得到准确回应，甚至与华西集团发生冲突。在 2008 年 5 月发生地震后，300 多名居民围堵华西集团办公楼，与警察发生肢体接触，造成小规模的群体性事件。

一　单位——缺少资源支持

华西集团掌握着曹家巷棚户区的大部分土地产权，按照之前的国家政策，产权单位应对曹家巷改造负主要责任。对于华西集团来说，改造曹家巷也是他们的愿望。由于公司需要投入人力财力物力以维护居民基本生活环境，还需要向居民倒贴水电费，从 2000 年开始，华西集团定期会引入企业或者鼓励居民进行改造，但都因为成本过高而无能为力。尤其是在改革开放之后，国家不再给予单位支持，这为单位负担"小社会"造成了困难，曹家巷的特殊情况使得整体改造成本增加，因而单靠华西集团无法完成棚户区改造。

二　市场——缺少利益激励

市场在开展棚户区改造的过程中也遇到了一些问题。有五六家企业曾经想对曹家巷片区进行改造，以占据优越的地理位置。但是在拆迁成本和营利方面进行权衡后，企业也放弃了改造计划。

对于市场来说，改造难度主要存在以下几个方面。首先，拆迁安置成本过高。在曹家巷棚户区，20 平方米以下的工房达到 1931 户，占工房总户数的 79%，成都市政府的赔付标准为每户最低 48 平方米，这大幅增加了拆迁成本。其次，工房关系复杂。在曹家巷棚户区内有工房 2469 户，占居民总数的 66%，居民的使用人确认较为复杂。最后，居民诉求不一。居民的改造意愿不一，大部分居民希望进行改造，但居民内部也存在一些分歧。此外，整合单位较多。由于棚户区与周边单位交错，需要 7 家单位进行合作，而各单位之间又存在一定的利益冲突，想要达成整合意见难度较大。因此，市场缺少经济利润和激励，在整合居民诉求方面又缺少有效的管理手段，独立进行棚户区改造较为困难。

三　政府——顾虑重重

华西集团和曹家巷居民就拆迁改造问题一直没有达成一致意见，成都市政府、金牛区政府对于此问题也进行过多次的专题探讨，但难以达成统一的解决方案。政府也有自己的考量。政府不愿意投资进行棚户区改造的原因主要包括以下三个方面。第一，就投入和收益来看，曹家巷改造项目的投入巨大，经济收益较小，政府不愿意介入。第二，从权责的角度来看，曹家巷的改造主要应由华西集团负责，改造不属于政府的职责。第三，政府进行曹家巷改造具有较大的资金缺口。金牛区的旧城改造中存在较大的资金缺口，区委区政府和企业进行多次协商，但都由于没有达成成本收益的平衡而放弃。此外，2009 年在金牛区发生了震惊国内的"11·13 事件"①，此次事件使金牛区委区政府面临巨大压力，一度形成"干部怕改、旧房难拆、项目难动"的局面。因此，不论从收益还是职责来看，政府都没有必要参与曹家巷的拆迁改造。

四　居民——利益诉求复杂

被拆迁群众复杂的利益诉求一直以来都是城市拆迁难解的结。曹家巷居民对于拆迁主要持三种不同的态度。一是务工租房者，对他们而言，在棚户区生活总体成本较低。二是长期居住在这里的老居民，长期的低质量生活使他们对进行棚户区改造的需求较为迫切。三是在曹家巷有房而目前在外面居住的居民，他们主要通过租赁房屋的方式获得收益，因而这部分居民大多持观望态度。此外，区域内乱搭乱建、破墙开店情况，单位违法搭建及个人违法搭建情况比较严重。这些乱搭乱建者也要求按照合法产

---

① 2009 年 11 月 13 日，金牛区城管执法局对胡某违法建设实施依法拆除。胡某妻子唐福珍组织唐、胡两家亲属十余人以暴力方式阻挠执法。其间，唐福珍两次向自己身上泼洒汽油，执法人员多次试图阻止均遭其家属暴力阻拦。10 分钟左右，唐福珍突然用打火机引燃身上汽油，执法人员用泡沫水枪喷洒灭火，其家属不施营救，继续暴力阻挠。救援人员最终救下唐福珍并送往附近的成都军区总医院救治。之后对此违法建设进行了拆除。唐福珍被送往医院后，先后两次实施植皮手术。11 月 29 日，唐福珍因伤情严重经抢救无效去世。

权来进行补偿。有些人认为拆迁改造中较晚搬离的以后可获得更多的收益，因而拒绝进行棚户区改造。最终，在居民的多重利益诉求之下，群众难以达成一致意见，曹家巷棚户区改造也屡被搁置。

在曹家巷复杂的拆迁环境下，政府、市场和社会由于其各自的原因而难以进行改造，即使在资金方面可以达成共识，但其在工房确权、利益整合、居民诉求满足等多个方面难以达成共识，因而曹家巷的改造迟迟没有推进。

第三节　曹家巷棚户区的"自治改造"过程

一　"北改"政策与曹家巷改造的提出

2011年11月2日，网友"江天一色"在成都市政府门户网站发布了一篇《关于着力改善成都城北交通现状的建议》的帖子，其中对成都市的城市建设由圈层扩展向东部南部发展的战略提出建议，他认为这种战略模式整体发展较为高效，但是城北地区的总体发展却有所滞后。"成都之偏废在城北……一个肢体有残缺的人，其他部位再健康，他始终是一个残疾人。一个城市，其他区域再发达，一个区域落后，这个城市也是残废的……"此文引起了成都市委市政府的高度关注。当时刚上任的成都市委书记黄新初感到了城北居民对城市改造的迫切要求。在成都市委市政府的考察和讨论下，初步确立了"北改"的战略思想。

2011年2月25日，中共成都市委十一届九次全会召开，"北改"战略构想在会上被首次提出，成都市将"北改"和天府新区建设作为全市"立城优城"战略的两大龙头工程加以建设。市委市政府决定对东起新成华大道、西至老成灌路、北至新都区香城大道及三河场镇用地范围、南抵府河，总面积约为212平方公里①、涉及人口150万人的区域进行统一规划。

2012年2月5日，成都市委召开"北改"工程汇报会，会上宣布了成都市"北改"工程正式拉开序幕。初步统计，工程项目约360个，总投资约3300亿元。在成都城市布局中，城北属于最早建成的中心城区，而随着城市向东南部的战略推进，城北逐渐落后于东南部地区，金牛区积极抓住"北改"机遇，对其进行规划和部署。

2012年1月20日，金牛区委出台了《关于加快推进"北改"龙头工程的意见》，首次明确了金牛区"北改"的范围、重点片区和工作原则。同日，《金牛区2012年加快推进北改龙头工程行动计划方案》（金牛府发〔2012〕1号）出台。1月29日，金牛区召开推进"北改"龙头工程誓师大会，"北改"至此在金牛区正式拉开帷幕。按照金牛区改造的计划，解放北路—曹家巷驷马桥片区属于旧城改造的五大片区之一，曹家巷的改造项目总体占地198亩。② 其中包括各类型房产约3756户，拆除面积19.4万平方米。其中商品房175户，建筑面积约1.7万平方米，工房2469户，建筑面积约5.3万平方米，工房里20平方米以下的就有1931

---

① 其中，金牛区84平方公里，成华区55平方公里，新都区73平方公里。

② 其中，登记在四川华西集团名下的土地约117亩，登记在四川省建筑职业技术学院等5家整合单位以及西南石油管理局宿舍、马鞍南苑小区等私产改造的土地约81亩。

户，建筑面积 3 万余平方米。在利用政策方面，金牛区向成都市申请了曹家巷棚户区的专项拆迁改造并获得审批，政府政策为曹家巷改造提供了良好的环境。

2012 年 2 月，金牛区和华西集团达成一致意见，签署了《曹家巷片区一、二街坊危旧（棚户区）房屋自治搬迁改造备忘录》，并由金牛区和华西集团各出资 500 万元成立了成都北鑫房屋投资有限公司，具体负责棚户区改造的前期工作。

二　地方政府转变角色孕育"自治改造"模式

由于金牛区政府所辖范围是成都"北改"中面积较大的片区，而曹家巷又是成都"北改"中的"第一改"，政府对于曹家巷的改造给予了高度关注。针对政府、市场和社会三主体难以单独进行棚户区改造的情况，并考虑到居民复杂的利益诉求，金牛区政府决定改变棚户区改造的思路，由"政府主导"型向多元主体协作治理的模式转变。

习近平总书记说过："要真正悟透群众是真正的英雄。"对于"北改"，成都市委明确提出按照"政府主导、群众主体"的原则来推动，"改不改群众说了算，怎么改政府说了算"。这一原则表明了以下几个方面。首先，政府应在尊重群众意愿的前提下按政策制订补偿方案。其次，"怎么改政府说了算"，即规划设计要符合区域发展状况及定位，拆迁具体流程应符合法律规定。最后，以"政府主导"为"群众主体"奠定基础，以"群众主体"为"政府主导"提供保障。

在改造的具体方式上，金牛区政府考虑到居民需求迫切的情况，提出了"自治改造"的思路，即坚持"政府主导、群众主体、单位协同、依法改造"的思路。为了避免出现"自说自话""各谈各的"局面，曹家巷居民和当地政府合作，摸索建立了"自改委"协商平台，引导政府、单位和群众等共同协商，协力促成意见共识。

三 "自治改造委员会"的建立与运作

2011 年 11 月，金牛区政府邀请了 HXM、XH① 等 9 名当地居民参加政府会议，对棚户区改造的具体问题进行协商和谋划。2012 年 1 月 20 日，驷马桥街道召开危旧房屋自治搬迁改造住户代表大会，由街道、社区两委以及群众骨干组成"自改委"工作小组，其中的住户代表按照"在群众中威望要高、群众基础要好、政治素质要过硬、具备一定的组织能力和有必要的工作时间"的标准进行推选，形成了 65 名住户代表，并由住户代表公开投票选出 13 位"自改委"委员候选人。

2012 年 2 月 8 日到 29 日，驷马桥街道办事处、星辉东路社区（曹家巷棚户区所在社区）居委会和"自改委"筹备工作小组，挨家挨户进行摸底调查，了解群众的改造意愿和对"自改委"候选人的意见。在工作人员的努力下，片区住户基本同意进行棚户区改造，而对于"自改委"的候选人方面，除了 3 户住户不认识之外，居民都签字同意。

2012 年 3 月 5 日，由驷马桥街道办事处组织召开全体住户代

---

① 本书对所涉及的当事人采取匿名化处理。

表大会，从而正式成立了曹家巷片区一、二街坊的"自治改造委员会"，作为一个经民政局备案的社团组织。"自改委"的委员共计13名，其中4名男性、9名女性，平均年龄62.5岁，他们依据"尽职而不越权，代言而不代理"的职责定位代表居民参与协商。

在具体的人员配置上，"自改委"选取了一名主任和三名副主任，HXM被推选为主任，她曾做过建筑企业合同预算科科长，其他的委员中大部分参加过直接上访或者间接上访。根据曹家巷整合单位较多、利益主体多元的情况，2012年12月11日，曹家巷通过举行自治改造委员会扩大会议，新增了8位整合单位代表，委员人数增至21人。HXM女士认为，"自改委"能够作为"中间人"加强政府与群众的沟通，并化解居民矛盾，改变传统的拆迁方式。

"自改委"成立后，怎样明确权利界限，如何开展工作等问题马上摆在了"自改委"成员的面前。委员们自己也意识到了问题，[①] 对此，驷马桥街道党工委书记CCZ提议，在"自改委"成立临时党支部，使其置身于社区党委的领导：临时党支部需要监督"自改委"遵照法律、法规办事，并能够使得党员在自治改造中发挥先锋模范作用，副主任兼支部书记JCZ说，就是要"把党员身份亮起来、细胞活力动起来"。社区党委嵌入"自改委"的行为，也符合中央提出的党委领导、政府负责、多元参与的社会治理精神。

---

① 其中"自改委"主任HXM女士说，"自改委"成员的思想意识、价值观和人生观（参差不齐）……究竟"自改委"有多大的权利，肩负多大的责任，很多人都搞不太清楚。如何做到"尽职而不越权，代言而不代理"，摆在"自改委"面前的首先是加强自我教育和自我管理，建章立制。

为保障居民的知情权、监督权和参与权，"自改委"颁布了《曹家巷一、二街坊危旧房棚户区自治改造委员会工作规则》，创立了自治改造例会制度、重大事项通报制度、重要工作意见征询制度、重大事项票决制度和集体学习制度。多元主体的协作参与需要在一定的规则和制度的框架下运行，即一种制度化的参与模式。我国现有的管理制度中，公民有序政治参与制度建设滞后，同时公民的利益表达制度缺失。[①] "自改委"作为群众自治性组织，缺乏有序的制度安排，因而需要通过相关政策对"自改委"的行为进行约束，使得群众参与的方式更加规范化和法制化。金牛区政府公开招标聘请有资质的劳务人员共同参与这次拆迁改造，"自改委"则监督了评估、测绘公司的选取。图5-1所示为曹家巷"自改委"和临时党支部的运行架构。

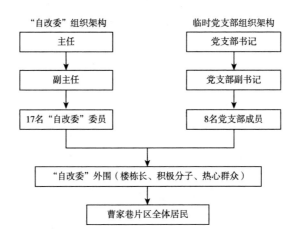

图5-1　曹家巷"自改委"和临时党支部的运行架构

---

① 金太军、赵军锋：《多元协作：基层政府创新管理的新战略——以苏州、淮安为例》，《唯实》2013年第10期。

华西集团在整个项目开始前还是临阵退缩了，并将500万元资金撤回，停止与金牛区合作。金牛区政府只得与曹家巷群众、第三方公司等完成自治改造。

"自改委"的开局尤为困难。对于选举成立"自改委"，居民一开始表示赞同，而在实际运行过程中，"自改委"遭遇了一个又一个意想不到的困难。

成都市的相关政策规定，房屋面积在48平方米之下的，可以获得48平方米一室一厅的补偿，但居民却认为48平方米的房间太小，无法容纳几代人口。此外，居民的利益诉求较为复杂，也成为"自改委"工作的一大困难。有的居民在原来的棚户区搭棚做生意，而其在实际补偿过程中要求大商铺的补偿；有的一家三口在10平方米的房屋中生活，希望换成能够独立起居的房屋。

针对这些问题，"自改委"代表居民与金牛区政府进行了协商，并与房地产开发商重新商定房屋规划方案。金牛区决定上调容积率，将48平方米的规划上升为58平方米，变为两室一厅的户型，多出的部分由居民购买，政府通过该行为让利。该方案在当日获得居民通过后，却在第二天遭到反对。部分居民希望再增加房屋的居住面积，这增加了政府、居民之间进行协商的利益纷争。

最后，在政府力挺、媒体造势的帮助下，"自改委"逐渐走上正轨。"自改委"成员获得了金牛区委的支持，区委副书记热情接待了他们，并强调了政府改造的决心。肯定的回答让他们心里踏实多了。在政府的支持下，"自改委"坚定决心，用实际行动坚守在工作岗位上。同时，政府联合新闻媒体，对曹家巷的棚户区改造进行了一系列的跟踪报道，促进"自改委"工作的顺利进行。2012 年，央视新闻播出了《曹家巷拆迁记》，对改变住户看法起到了重要作用。

"我的办公室就在腿上和嘴上。""自改委"成员 XH 说。为充分反映民意，"自改委"逐家逐户征询居民意见和建议。这使"自改委"与群众的联系越来越紧密，相互之间增强了了解和信任。"自改委"在一系列模拟、方案设计的过程中，逐步获得了居民的认可，得到了群众的肯定。

"不管什么样的城市改造，说到底，就是利益重新平衡。涉及利益，就涉及有人要让步，要理顺冲突的问题。"主任 HXM 说，"群众的怨气群众来安慰，群众的工作群众来做，凡事齐心协力，才能早日完成。"

第四节　"双百方针"促进棚户区的自治改造

"自改委"收集居民意见后上报给项目指挥部，并由其与相关部门一起商议修改安置方案。2013 年 2 月 26 日，《曹家巷一、二街坊危旧房（棚户区）片区自治改造附条件搬迁安置方案》出台，其中提出了"双百方针"的模拟搬迁原则：自公布之日起100 天内为自治改造签约期，若签约户数达到改造总户数的100%，则可以启动模拟搬迁项目；若签约户数没有达到总户数的100%，则停止附条件搬迁，重新协商搬迁事宜。

根据模拟搬迁补偿方案，居民在房屋补偿方面可以选择货币补偿、异地安置和原地返迁三种方式。而原地返迁的安置面积在

50~110平方米不等，主要是套二和套三的户型。①居民在与"自改委"、政府的博弈下将拆迁安置方式由原先的原地返迁改为三种补偿方式，最终达成了搬迁安置方案的共识。

搬迁安置方案虽是项目公司（恒大新北城置业有限公司）受"自改委"委托制定，但在正式出台前，对"自改委"的意见进行了充分吸收和采纳。"自改委"通过"坝坝会"、喝茶会等多种方式吸纳了群众意见。所出台的方案符合相关法律政策要求，②并对搬迁房屋补偿、政策性补贴等补贴内容进行了严格规范，而由于政府对棚户区居民给予了一定的政策优惠，商品房居民有一些反对意见，在最后"自改委"投票的过程中，唯一的商品房住户投了反对票，但最终模拟搬迁补偿方案仍然顺利通过。而其后，"自改委"带领人们坚持"一把尺子量到底"的原则，提供了较为统一的指导原则，促进了居民签约的顺利进行。

2013年3月9日，曹家巷正式启动了百日签约仪式，标志着"双百方针"的正式展开。在曹家巷签约期间，相关媒体都进行了跟踪报道。其中，曹家巷"自治改造"的过程以前快后慢为主。3月9日当天，排队签约的人数达到10.7%，共计403户居民完成签约。第二日的签约人数增加200人，比例达到16%。在3月26日，曹家巷二街坊12栋中建二局所属的92户居民提前80天首先完成整栋100%签约；5天后卫生所和九栋平房区也提前完

---

① 异地安置点有青羊区培风路271号的"清溪雅筑"、金牛区汇泽路2号的"泉水人家"和锦江区榆钱街331号的"东洪广厦"三个小区。

② 如《国有土地上房屋征收与补偿条例》《成都市城乡房产管理局关于国有土地上房屋征收与补偿工作中几个具体问题的通知》等。

成 100% 整栋签约。4 月 28 日，即曹家巷拆迁的第 60 天，签约率突破了 80%，第 70 天则达到了 86.8%。在 5 月 27 日到 28 日，曹家巷一标段完成了 100% 的签约目标，二标段仅剩 2 户居民没有签约，到 6 月时整体签约率已达到 98%。

在这个过程中，金牛区政府的"双百方针"产生了两方面作用：一方面，政府利用"双百方针"成功地将压力传导给居民及"自改委"，从而避免了陷入无止境的群众工作；另一方面，促使"自改委"和群众利用自身的资源，动员一切力量说服少部分不愿搬迁或要价过高的群众。然而"群众攻势"已经游走在道德与法律的边缘。眼看着签约期即将结束，"群众攻势"也在渐渐升级。部分居民采取了一些游走在法律边缘的措施，如到未签约的商铺门前静坐、去各种场合劝说等，在整体签约率达到 99% 时，还有大约 20 户马鞍南苑的商品房业主不愿意搬迁。"自改委"和党员通过各种亲戚关系找到他们，并联系他们进行签约。

居民宋某某将房子转租给别人后，"自改委"和群众联系到她的父母家，要求宋某某进行签约，在双方发生争执的情况下，拨打了 110 请警察调解才结束了纷争。隋某某在曹家巷拥有 5 套房和两个商铺，是曹家巷拥有房屋最多的人。某天，隋某某在拆迁办进行谈判的过程中，居民们请求他同意拆迁，"自改委"主任和群众对他进行轮流协调，一直到晚上 10 点，隋某某答应先签订住房拆迁协议，但是居民并不退让，给隋某某买了饭和水，等到天亮时，隋某某的妻子赶来，他们签订合同之后离开。①

---

① 《"群众攻势"消灭"钉子户"》，《民主与法制时报》2014 年 5 月 21 日。

多数群众做少数群众的工作经常陷入这样的僵局。社区把这些新情况反映给了指挥部。"自改委"副主任兼支部书记 JCZ 对"自改委"要求以后有计划需要向指挥部汇报，而曹家巷项目的总指挥 HB（区委副书记）也对街道行为做出要求。HB 向拆迁人员询问宋先生的情况，并和"自改委"成员、拆迁人员一道向宋先生家里道歉，最后宋某某完成签约。而在之后的时间，曹家巷没有再发生过相关问题。在"模拟搬迁"的过程后期，政府对部分居民进行了让利，延长"双百方针"的签约期限，并降低签约比例。

到 6 月 16 日晚 24 点时，累计签约完成 3337 户，总完成率达 99.2%，还剩下 27 户未签约。在群众的宣传过程中，仍然由部分居民不愿完成签约。人们对"双百方针"有一些怀疑。其实"自改委"主任 HXM 也不太赞同，她认为，"两个百分之百在提法上都有点不大真实，哪有百分之百，再纯金也是 4 个 9"。HXM 理想的原则是 95%。驷马桥街道党工委书记 CCZ 解释说，因为是自治改造，不是征收，就没有强制手段来解决这个极少数不愿拆迁的问题，所以必须是 100% 的签约；对于 100 天内完成签约，则是因为雨季即将来临，希望赶在雨季之前能完成签约让居民早日搬出棚户区。政府推行"自治改造"有其特定的利益考量，也受到来自政策环境的影响，政府希望通过自治改造的模式，将矛盾和压力从政府转移到社会中，由希望进行棚户区改造的居民劝说其他居民签约，并通过"100%"的时间和数量标准向群众施压，从而促进政策的顺利执行。

最后未签约的 27 户居民主要来自非棚户区的整合片区，他们的房屋整体较新，改造意愿相对较低。"自改委"通过研究，申请延长签约时间，项目指挥部考察了居民的合理意见，最终和自改委讨论，为了维护公民的整体利益，即将 100 天的签约期再延长 30 天。

在延长期里，群众继续发动"消灭'钉子户'"的攻势。延长期进行到第 12 天，即 6 月 28 日，又有 15 户商品房居民自愿签约，签约率达到 99.6%。最后，截至 2013 年 7 月 15 日 24 时，曹家巷一、二街坊危旧房棚户区和马鞍南苑 2/3 栋全部完成签约。最终仍剩下商品楼马鞍南苑 1 栋的 12 户居民没有签约。"自改委"向指挥部申请修改了改造范围，将马鞍南苑不纳入此次改造范围。对此，居民、社区"自改委"分别就不同视角进行了探讨，总体观点为在技术上可以不改造，但是可能会影响以后的商业价值。① 驷马桥街道党工委书记 CCZ 则认为这是自治改造，要尊重老百姓的意愿。一位"自改委"副主任说出了居民的态度：不行就走司法程序。最后，地方政府做出了让步，对于可能影响土地开发价值的马鞍南苑 1 栋，决定采取尊重居民意愿、不进行改造的措施，指挥部对改造项目范围的申请进行通过，因此，《附条件协议搬迁补偿安置合同》生效，房屋征收项目正式启动。

2013 年 9 月 17 日，很多已搬走的老住户回来与老房子合影

---

① 项目指挥部和金牛区国土、规划等部门对"自改委"的申请进行了反复慎重的研究。区委副书记、项目总指挥 HB 认为危房必须要改造，而这栋商品房确实是属于可改可不改的范围。北鑫公司总经理 WX 则认为，从技术上可以不改造马鞍南苑 1 栋，但今后这栋 6 层楼的房子夹在中间，缺少绿化，没有地下停车场，环境将会变得很糟糕。

留念，曹家巷一、二街坊居民自治改造委员会主任 HXM 宣布拆迁正式开始。一时间烟尘四起，砖石随之倒下。2014 年 10 月 30 日，曹家巷自治改造项目正式开工建设，金牛区政府引导"自改委"组成质量监督小组，对实施进度和建设质量进行督导和监察，曹家巷正在向宜居小区重建和发展。

第六章

自治改造（模拟搬迁）方案制订
与公布阶段的多元协作治理

　　成都市金牛区曹家巷的征收改造模式是基于 2011 年新《条例》和成都市曹家巷片区的实际情况而制定的自治改造模式。政府通过放权与"自改委"的协同参与，形成了公众参与的改造模式，其政策过程与传统的拆迁模式有一定的差异。在接下来的六、七两章将分别对棚户区改造的两个核心过程——方案制订与公布阶段以及模拟拆迁签约阶段——中的政府、市场和社会三方协作过程进行分析。在棚户区改造的模拟拆迁过程中，难度最大、矛盾最突出，也最需要各方主体通力协作的阶段就是这两个阶段，比如对拆迁项目的意见、补偿方案的协商与确定、在规定的时间内进行模拟签约以及达到相应比例的签约率，主体间利益的冲突在这些环节暴露得最为集中，往往都是需要付出巨大的协调代价、需要做大量工作的。一旦达到政府制定的拆迁条件，则进入项目实施阶段。在这个阶段，主要工作就是按标准赔偿、安置、返迁等工作，基本都是依章办事，没有太大的矛盾冲突。因此，我们将基于在一些城市的调研情况，以第五章曹家巷案例为主，依次分析。第三阶段——项目实施阶段——将在第七章结尾略作说明。

第一节　房屋征收部门提出申请
与"自改委"的成立

一　征收公告（模拟搬迁公告）的发布

在 2011 年新《条例》颁布之后，各地棚户区改造征收决定做出的流程大体都包括以下三个阶段。首先，市棚改办与发展、改革、国土资源等部门，共同根据城市规划编制棚户区改造专项规划，向市人民政府上报，编制棚户区改造项目实施方案，并做好土地利用的规划建设。其次，区县人民政府需要取得市棚改办棚户区项目实施方案的批复，并做出征收决定。最后，区县棚改办等有关部门公布补偿方案，并在规定期限内与被征收人签订拆迁补偿安置协议。

模拟搬迁与其的主要区别在于征收决定的整个过程被延长。决策并非由政府单独做出。在模拟搬迁模式中，群众将全程参与征收方案公布、房屋调查的全过程，并以群众最终签订的模拟搬迁方案作为正式出台的征收方案。二者相同之处在于都需要政府发挥主导作用，对棚户区改造项目进行整体管理，制订棚户区改造的专项计划，并纳入经济社会年度发展计划，编制棚户区改造的项目实施方案，对土地的利用和开发进行政策规范。除此之外，在全国的部分地区采用了政府购买公共服务的方式，其政策过程则加入了政府与社会协同的相关内容。以河北省政府购买棚改服务的相关政策为例，政府主要通过公开招标、竞争性谈判等方式，对棚户区改造中的征地拆迁、安置住房建设、购买居民安置住房、征收补偿、基础设施建设等方面的服务向社会公开购买。政府部门需要通过制订征收计划、财政部门审核、组织实施购买、签订服务合同和督促执行合同几方面的过程对棚户区项目进行服务外包，这也是一种政府下放行政职能，促进市场和社会参与棚户区改造的重要方式，其中的制订征收计划、申报财政部门审核的方面属于政府做出政策决定的规划型职能。成都市模拟搬迁流程如图6-1所示。

房屋征收部门提出棚户区改造申请是进行模拟搬迁的首要环节。成都市《关于在房屋征收中做好模拟搬迁工作的指导意见》中指出："房屋征收部门应根据房屋征收年度计划，按照项目实施步骤和进度安排向征收主体提出启动模拟搬迁的申请；在征收主体同意启动后，由房屋征收部门在改造范围内发布模拟搬迁公告，公布模拟搬迁实施单位、模拟搬迁期限、改造范围、启动条件、工作步骤、咨询及投诉电话等相关事项。"地方政府需要制订年度征收计划，房屋征收部门依据城市规划方案，提出启动模拟搬迁的申请。

曹家巷棚户区改造项目的启动有其特殊的政策和群众背景。2011年12月17日至18日，中共成都市委十一届九次全会中，首次提出了"北改"战略构想，并对改造区域进行了统一规划，2012年2月5日，成都市委召开"北改"工程汇报会，标志着"北改"工程的启动。这为金牛区政府进行棚户区改造提供了政策依

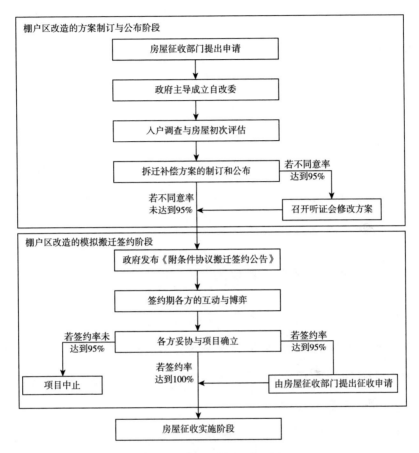

图 6-1　成都市模拟搬迁流程

据和上级支持。随后，金牛区委在 2012 年出台了《金牛区 2012 年加快推进北改龙头工程行动计划方案》（金牛府发〔2012〕1 号），对金牛区"北改"的范围、工作原则等进行了规定，并向成都市政府申请棚户区的专项拆迁改造，从而将曹家巷改造项目区域总面积 198 亩、各类型房产约 3756 户纳入棚户区改造计划，这为棚户区改造的顺利进行奠定了基础。

在发布计划的基础上，金牛区政府与华西集团签署《曹家巷片区一、二街坊危旧（棚户区）房屋自治搬迁改造备忘录》，并各出资500万元成立北鑫公司负责前期改造工作，在形成初步改造计划的同时，也弥补了政府单方面无法进行棚户区改造的资金不足，有助于为多元主体共同参与棚户区改造的模式构建奠定基础。金牛区政府吸取了以往棚户区改造的失败经验，提出了"政府主导、群众主体、单位协同、依法改造"的自治改造新思路，帮助曹家巷片区成立了"自治改造委员会"，构建民意主导、群众自治的棚户区改造模式。

二　政府引导成立"自改委"

作为棚户区房屋征收部门，曹家巷所在的金牛区房管局通过曹家巷所在的街道及棚改办着手成立"自治改造委员会"，开展模拟搬迁前期的入户登记调查和初次评估工作，为形成最终的附条件搬迁方案奠定基础。

通过案例我们不难发现，曹家巷"自改委"在模拟搬迁和正式签约阶段代表民意参与政策的制订和执行过程，并在各个阶段发挥了重要作用，建立了自下而上的民主决策机制和双向互动的信息沟通机制，为项目最终的成功实施发挥了不可替代的作用。[①]曹家巷的"自改委"是在街道办事处和居委会的引导下，由居民自发成立的、代表居民切身利益的群众组织。"自改委"的委员全部出自曹家巷内住户，主要任务是收集群众意见、诉求、想法，

---

① 钱璟：《我国棚户区改造中公民参与的有效性研究——以成都市曹家巷改造为例》，《北京电子科技学院学报》2014年第3期。

并适当调解矛盾。同时，为了加强对"自改委"工作的指导，"自改委"成立了党支部，该党支部受社区党委领导，体现了政府部门对社会组织的引导和支持作用。

曹家巷"自治改造委员会"的成立主要经过了以下几个环节。首先，金牛区政府在政府会议中邀请 9 名居民参加，他们共同商讨曹家巷改造的相关问题。2012 年 1 月，驷马桥街道召开危旧房屋自治搬迁改造住户代表大会。这一步的工作主要是邀请辖区内一些有影响力的居民（比如退休老党员或在群众中有较高威望的人）通报相关情况，商议成立"自改委"的主要目的，对辖区居民的各种诉求做初步的摸底，以便能组建一个既充分代表民意又能与基层政府充分合作的"自改委"。其次，在政府的指导下选举"自改委"。2012 年 3 月 5 日，曹家巷居民通过公开投票，由每家派出代表进行投票，从 65 幢房子里每幢选 1 名代表，再从 65 名代表中选出 13 名候选人。由驷马桥街道办事处等进行模拟调查，对群众进行"自改委"人员的意见征求。最后，正式确立"自改委"的人员组成及职责。在 2012 年 3 月 5 日，驷马桥街道办事处召开全体住户代表大会，并成立曹家巷片区一、二街坊危旧房"自治改造委员会"，共 13 名委员，其中 1 名主任、3 名副主任，后期补增 8 名代表，共计 21 名代表，并由公证处公证，代表居民参与公共政策过程，在这些代表里最年轻的 46 岁，最年长的代表已经 84 岁。

为保障居民的知情权、参与权、选择权和监督权，"自改委"在街道和社区的指导下还制定并颁布了《曹家巷一、二街坊危旧房棚户区自治改造委员会工作规则》，创立了相关管理制度。同时，在政府的关照下，"自改委"在区民政局登记，正式成为法律意义上的社会组织。到此，"自改委"这样一个联系政府和辖区居民的组织成立了。由于程序的公开透明、委员们在群众心目中的代表性，"自改委"一开始便在社区中树立起了权威的形象。应该说，这些都是其能促进政府与社区高效沟通的关键。

"自改委"通过挨家挨户地收集居民对拆迁改造的意见，并对居民的房屋进行摸底调查，了解其房屋产权的实际情况，以便于为开展拆迁与安置工作、制订模拟搬迁方案提供依据。从案例来看，通过对居民的入户访谈和调查，了解到曹家巷居民的改造意愿情况主要可以分为三大类。第一类是家庭环境较差，迫切希望进行房屋改造的，此类住户由于房屋面积小、生活人口众多、生活条件差等，希望尽快进行改造。第二类是拥有两套或者更多住房的居民，他们能够依靠现有的棚户区住房或商品房取得一定的租金收益，因此可改可不改。这类人由于本身改造的需求并不急迫，往往比较难做工作。第三类居民是新购买或者新装修楼房的居民（即改造片区中的"整合片区"），他们拒绝进行改造。①对于后两类居民，他们的利益诉求主要在于获得尽可能多的征收补偿金，以便获得更大的收益，第一类居民中绝大多数有改造意愿，但也有对现有的补偿政策和方案不满因而暂不同意改造的。"自改委"通过群众工作了解到，按照成都市的相关政策，原住

---

① 在曹家巷案例中，地方政府公布的棚户区改造范围既包括 20 世纪 50 年代修建的工房（基本上属于危旧房屋），也包括像马鞍南苑这样的修建于 90 年代的商品房。对于后者，实际上严格来说并不算危旧房屋，但由于政府出于城市整体打造、项目连片开发的需要，在实际项目规划中，也会将这样的楼房纳入改造范围之内。

房面积在 48 平方米以下的，改造后可以获得 48 平方米的一室一厅，而居民们认为一室一厅并不能满足一家三口或更多的生活和居住需求，因此他们向"自改委"提议增加房屋的面积，修改户型和模拟搬迁方案。同时，"自改委"通过"AA 制"群众游等方式，和当地居民外出散步和沟通，了解到大多数居民都希望进行棚户区改造，但是需要调整政策方案，使得他们居住的房屋能够保障其基本的日常生活。由此，"自改委"代表民意向政府反映了相关诉求，并最终促成了地方政府做出让利行为，修改了征收与补偿方案。

第二节　入户调查与房屋初次评估

一　实施单位进行入户调查和房屋价值评估

棚户区改造主要是对居民的改造意愿和房屋的情况进行调查登记，并对调查等级的结果进行及时公布，听取居民意见。按照成都市《关于在房屋征收中做好模拟搬迁工作的指导意见》的规定，房屋征收需要达到居民同意率 95% 以上，才可以继续模拟搬迁，并由房屋征收部门组织居民协商确定房地产价格评估机构，对安置房屋和改造范围内房屋进行评估，协商期限不小于 15 日。

在行政主导型社会中，政府在政策制订过程中占据主要地位。在这种模式之下，入户阶段主要由政府进行房屋情况调查。而由于政府的人力和时间有限，老旧棚户区的产权关系又较为复杂，在实际操作过程中往往会出现政府对于房屋的情况了解不足，会更多地考虑到自身的补偿能力和拆迁成本的压力，导致所制订的方案与辖区居民的利益诉求有较大的背离。在新《条例》之前的城市房屋拆迁，地方政府往往也不会征求居民的意愿，否则，在众口难调的民众意见之下，地方政府很难推动出于公益或非公益的建设开发项目。

在非群众自愿的强制拆迁模式中，以陕西省某地棚改调研记录为例，其房屋确权一般由房地产开发商进行，这其中就存在市场为了获得更多盈利而少报或瞒报居民信息，为此争取更大利润的空间，而市场对不配合群众的房屋确权工作一般也采取强制行为来进行调查，这使得棚户区改造在政策制订阶段就缺乏有效的前期调研，不能清楚地界定和划分居民的具体情况和利益诉求，因而出台的模拟搬迁方案常常出现偏差，最终项目在实施过程中将受到民众的重重阻碍。

新《条例》对房屋的组织调查和结果公布进行了明确规定：房屋征收部门应对房屋征收范围内的权属、区位、面积等情况组织调查登记，并进行公布。在此基础上产生的模拟搬迁政策则对征收意愿的比例进行了明确规定，同时明确了要对房屋情况进行详细的调查统计，有利于将民意纳入政策制订过程。曹家巷棚户区在入户调查登记阶段主要是通过"自改委"来具体开展入户调查和房屋登记工作，从而充分发挥社会组织贴近群众和高效服务的优势，将地方政府从之前与民众的直接冲突中解脱出来，减轻了政府的工作压力，有助于政策方案充分反映民意，体现了多元主体在政策制订过程中的协同参与的价值取向，并达成了初步的房屋改造同意比例，推动了自治改造的顺利进行。

二　"自改委"推进入户调查的顺利进行

在调查登记阶段，社会治理模式实现了由政府主导向多元主体协作治理模式的转变。在曹家巷的棚户区改造模式中，成都市政府出台了总体的战略规划，在确定"北改"的方针上，大致拟定棚户区改造的范围和总体策略。而金牛区政府结合地方治理的实际情况，引导"自改委"开展入户调查，对居民的房屋征收意愿进行征集，了解群众的实际改造需求，并通过居民访谈等方式了解居民的实际需求，促进民众充分参与到社会治理过程中。在新《条例》出台前，调查登记主要由政府或市场完成，政府希望获得更多的商业开发收益，并且其缺乏足够的人力和时间开展调查，在实际运行过程中可能忽略了群众的真实需求，方案无法真正体现民众的意愿。对于房地产开发商而言，则希望尽可能地扩大房屋改造的经济收益，因此，在房屋和户型设计上也会尽量压缩群众的利益空间，实现更大的经济效益。"自改委"与前二者的主要不同就在于其性质上的非营利性和自愿性，"自改委"由群众选出，能够代表群众的利益，同时易于被群众所接受。由于"自改委"的成员也是棚改区的居民，他们会尽可能地为居民和自己争取利益，因而有助于增强公民参与在多元合作中的地位，实现棚户区改造中的有效合作。

在曹家巷自治改造的案例中，"自改委"在推动入户调查、房屋价值评估、民众意愿收集等方面，发挥了重要作用。

根据房屋征收的相关规定，在同意搬迁的改造户数达到95%以上时，由房管局、地方人民政府组织居民协商确定评估机构；

签约率低于 95% 的，则棚户区自治改造的项目终止。在曹家巷的案例中，地方政府与"自改委"合作治理的具体过程体现在以下两个方面。第一，在产权界定和房屋价值评估方面。"自改委"和地方政府根据新《条例》和相关规定，前期对居民住户进行走访调研，并严格按照房屋的权属、房屋的性质进行区分和登记，便于后期的征收与补偿方案的确定。第二，在意愿收集阶段。"自改委"在地方政府和基层党委的领导下，共同开展民意征集和群众意见调查，并通过"坝坝会"、喝茶会等方式吸取民众意见，从而能够更好地结合新《条例》制定相应政策，在房屋改造意愿、搬迁方案、征收补偿数额方面都能够实现原则性与灵活性相结合，出台的政策更加符合人民意愿与真实需求，最终实现了较好的民众同意和民众参与，为自治改造的顺利进行奠定了基础。

第三节 拆迁补偿方案的制订和公布

一 拟订拆迁补偿方案与征求意见

补偿方案的确定是一个较为复杂的过程。成都市《关于在房屋征收中做好模拟搬迁工作的指导意见》规定："房屋征收部门应当根据调查登记和评估结果拟订模拟搬迁补偿方案，组织有关部门进行论证并以征收主体的名义在改造范围内公布，征求公众意见，征求意见期限不少于 30 日。房屋征收部门应当按照相关规定组织项目所在地信访部门、街道办事处等单位及人大代表、政协委员等进行社会稳定风险评估。"各地方政府用制度和政策规范了棚户区改造的方案意见征询和制订过程。本研究的核心案例——成都市曹家巷棚户区改造案例中，其补偿方案的确定也经历了一个多次反复讨论的过程，并经由政府、市场和社会的协商而进行了一系列的修改。应该说，这个过程是一个各主体间利益不断博弈的过程，是一个相互理解和妥协的过程。

补偿方案的确定需要充足的拆迁资金予以支持。金牛区多数旧城改造项目都存在巨大的资金缺口，区委区政府也多次立项寻找开发商进行开发改造，但终因算不过账而搁浅。其中的曹家巷棚户区年代久远，居住环境非常差，因此早在十多年前金牛区政府和华西集团虽然有心改造，但是预算的 30 亿元拆迁资金使得二者都力不从心。按照成都市征收房屋补偿标准，房屋面积在 48 平方米以下的，改造之后可以原地补偿一套 48 平方米的一室一厅，但是居民对这个方案不满意，认为一家人居住在一室一厅的房子里过于拥挤，这并不能满足他们的住房需求，于是居民要求两室一厅的赔偿方案。但是对于政府来说，要按照两室一厅进行补偿就必须上调容积率，容积率上升会减少商业用地，造成政府财政收入减少，因此，造成了政府庞大的资金压力。

在曹家巷棚户区改造的方案制订过程中，由群众选出的"自改委"发挥了巨大作用，包括前期"自改委"的入户摸底行动，以及与政府进行协商修改改造方案等。对于群众的诉求，"自改委"在充分了解后决定向政府反映和尽量争取，并与金牛区政府和相关部门进行协商，最终通过了增加"在房屋等面积补偿的基础上，超出部分由居民按现价购买"的方案。而负责具体执行的北鑫公司在规划过程中发现，增加房屋面积意味着要增加每个户型的容积率，但这样会影响居民的居住环境，并且减少的商业用地面积会难以弥补资金缺口。在这样的条件下，"自改委"和地方政府共同参与户型方案的设计，出台了一套合适的规划与补偿方案。此外，对非危旧房的商品房（即前一章案例中提到的马鞍南苑）业主来说，他们有着其他的利益诉求，在意见征集的过程中，"自改委"和当地群众除了对他们进行游说，也向政府反映了相关问题，因地制宜地采取补偿措施。

二 补偿方案的修订和公布

在征收与补偿方案的修订和公布过程中，"自改委"发挥了重要的协调和促进作用。首先，"自改委"通过对房屋进行摸底调查，并与群众进行沟通之后发现，多数居民们不能接受原有的48平方米以下一室一厅的补偿方案，认为其不能满足居民的日常生活需求，居民们更愿意设计两室一厅等更大面积的户型，超出补贴的部分由居民自己购买。"自改委"代表居民向政府反映了此类情况，金牛区委副书记在实地考察之后，与房管局等单位共同协商和修改房屋补偿方案。户型设计师在仔细规划后上调了容积率和平均面积，并设计出11种备选户型。其次，政府机构和"自改委"代表进行商议后，认为58平方米的设计空间还是太小。随后成都市规划局与"自改委"就房屋模拟搬迁方案进行再次商议。最后，政府和居民各让一步，政府牺牲部分融资和改造空间而上调了容积率，居民则进行了部分利益妥协，同意了政府的征收方案提议。

曹家巷在模拟方案的征询与修改过程中所面临的主要问题在

于房屋的容积率和改造成本的问题。就政府机构而言，较低的容积率能够增加其融资和改造收益，居民则认为原定方案中的容积率太小，房屋户型不符合生活需求。因此，政府、市场和社会围绕着"容积率"问题展开了一系列的利益博弈，并最终达成了共识。其中，"自改委"主要发挥了解释政策、代表居民与政府和市场进行博弈以及缓解社会矛盾的作用；政府则通过搭建合作平台，与"自改委"、开发商共同商讨房屋改造方案，主动妥协，让利于民。各方的积极沟通、互相信任、理解和让利，是模拟搬迁补偿方案能得到拆迁业主支持的重要因素。

项目指挥部根据"自改委"收集起来的意见，在多次商讨反馈后确定了补偿安置方案，即货币终结、异地安置、原地返迁三种补偿方式。曹家巷棚户区改造的补偿安置方案中，房屋补偿分为住宅补偿和非住宅补偿两种类型，两种类型都可以选择以产权调换和货币终结进行补偿。住宅补偿类型中的产权调换又分为原地安置和异地安置，并且规定了被征收房屋为住宅的，安置房屋建筑面积最低不能少于 48 平方米、房屋征收部门免收公摊面积补差款、被征收人一次性付清差价款的优惠 30%。而非住宅补偿类型中的原地产权调换有了另外一些规定，在补偿差价方面规定了旧房以评估价、新房以预评估价结算差价。

同时，方案还确定了先签先进的规则，即按照签订搬迁补偿安置合同时间顺序选房，先签先进，签完即止。这在一定程度上激发了居民的签约热情，提高了居民签约的速度。住宅和非住宅的货币补偿方式都按照评估单价×所有权证记载或实际测绘面积进行计算补偿金额。除了对房屋进行补偿之外，补偿方案中还有对居民生活的各种政策性补助补贴、补偿。首先是住宅临时安置补助。按被搬迁住宅房屋建筑面积计算，砖木结构每平方米每月22元，砖混结构每平方米每月23元，框架结构每平方米每月26元。50平方米以下的按50平方米计算补助。其次是停产停业经济损失补助费。居民可以选择以下三种方式中的一种来计算补偿：按净利润损失计算补偿、按从业人员工资收入计算补偿、按被搬迁房屋租金收益计算补偿。再次是搬家补助。对选择货币补偿的，每户补助1200元；对选择产权调换需要过渡的，每户按1200元/次标准发放两次或由房屋搬迁单位组织搬迁，据实支付搬迁费用。最后是政策性补贴中还对选择货币补偿的住户提供购房补贴。住宅房屋按照房屋评估价的30%进行补贴，非住宅房屋按照房屋评估价的20%进行补贴。在物管费补贴方面，按普通商品住房建筑面积90平方米、每平方米每月1.8元一次性给予5年的补贴。这套安置方案和补偿政策最终为业主和"自改委"所接受，并形成了正式的模拟搬迁征收补偿方案。

由此可见，在治理型社会的模式中，各方更加坚持"以民为本"的棚户区改造理念；比起经济效益，更加优先考虑居民的居住条件、生活质量，以及居民的住房保障和就业安置等问题。以安徽省铜陵市为例，其棚户区改造的各个阶段充分发挥了民意主导的作用，并起到了良好的效果。首先，在政策规划阶段，通过随机采访、问卷调查、召开社区座谈会等方式，就规划意愿展开民意调查，在同意率不达成比例的情况下不予实施。其次，在征收补偿阶段，组织召开听证会等活动，对征收补偿方案进行充分论证，满足公民的合理需求。再次，在住房安置阶段，设立严格的住房安置标准，在建设过程中促进居民居住条件和周边生态环境质量的提升。最后，当地政府和群众代表性组织积极宣传棚户区改造政策，使居民能充分了解棚户区改造的必要性，了解改造的具体措施和补偿标准，并配合政府部门工作，共同完成棚户区的改造和建设。其他地区的棚户区改造意见征集也大致由以上四个阶段构成，例如在四川省成都市大邑县棚户区改造中，在征收补偿阶段首先发布征求意见公告，通过组织座谈会、听证会、论证会和政府常务会议进行讨论；其次，依法对征收补偿方案进行评估，对补偿方案和征收决定发布公告；最后，协商补偿，做出补偿决定。

总的看来，以曹家巷为代表的多元主体合作的模拟拆迁，全程始终贯穿了"政府引导"和"群众主体"两条线。"群众主体"主要体现为"改不改群众说了算"，而"政府引导"主要体现为"怎么改由政府和相关单位依法按规定提出方案"，在政策允许的范围内，由政府及专业机构提出方案，听取"自改委"意见后，再由政府确保改造的落地实施，从而保障了在改造决策、改造方案、补偿和安置方案、政策宣传过程中的民主参与，有利于节约政府资源，充分发挥居民自组织性，满足公民的利益诉求。

在我国传统的行政社会模式中，问题的根源在于居民在拆迁过程中缺乏参与。居民作为被拆迁的对象，很大程度上被排除在政策制订的过程之外。被拆迁人缺乏利益诉求的表达渠道、公众参与机制不健全、征收补偿方式不合理、强拆现象较为普遍、不够完善的住房和社会保障制度是造成棚户区拆迁障碍的主要症结。这些突出的问题，在新的模式下得到了很大程度的解决。

综上所述，在模拟搬迁方案制订与公布阶段，地方政府角色的转变、放权和让利，以及多方的协作，是以曹家巷为代表的拆迁征收项目能顺利推出业主广泛接受的方案的关键。具体而言，我们可以总结出以下几方面经验。

第一，树立合作博弈的思想，转变政府角色。创新社会治理方式的关键在于政府要改变"全盘做主"的思想，树立多元主体合作博弈的理念。这就意味着政府要从行政社会中的控制型角色转变为服务型角色，关注市场和公民的参与性，在治理社会的过程中发挥好"元治理者"的作用。在政策制定中要运用其政策和资源优势，发挥统筹领导作用，制定博弈的总体规则，为利益的协调寻求"双赢"的解决之道。

第二，搭建合作博弈平台，采取"有约束力的"协议。合作博弈的达成要对参与各方的行为进行规范和约束，在协商中谋求各方利益最大化。在征收决定的制订过程中，模拟拆迁是目前一种可行度较高的方法，政府通过对签约率做出要求，以充分尊重民意，同时也对政府的行为进行了规范，使其受到人民的监督。约束性协议的签订需要一个"公平、公正、公开"的政策环境，为此，政府可以通过公开政策信息、搭建"自改委"的自治平台、在约束协议制定前进行民意调查、对政策方案进行听证等方式，保障征收协议受到人们的支持和采纳，增强协议的约束力和正当性。

第三，妥善处理利益冲突。城市房屋的拆迁和征收需要正确处理利益冲突的问题。棚户区改造的主要问题包括：拆迁标准与补偿期望间的矛盾，居民希望拆迁，而又希望在拆迁中获得更多利益，由此给拆迁造成困难；利益协调的困难，如何在维护多数人利益的同时，也保护少数人的权益，即当大多数人签订征收协议时，如何既不损害少数人利益，又使得征收工作能够顺利进行；缺乏高效合理的融资模式，棚户区改造的资金问题如何解决，才能使市场和政府能够协同合作，以较低的成本实施征收和改造，促进各项资源的有效配置。为此，政府和市场、社会应在棚户区改造中进行协商，推进地方性立法的创新，采用新的政策工具，在国家法律框架内探索出如"模拟拆迁"等能够解决利益矛盾问题的机制，形成多元主体的平等博弈格局。

第四，因地制宜，根据实际情况采取具体措施。由于各地的情况错综复杂，棚户区改造的类型和内容也各有重点。因此，在进行棚户区改造的过程中，要对实际情况进行调查，并根据不同的背景和问题采取有针对性的措施。比如在群众缺乏签约积极性的地区，可以采取相应的激励措施；而在群众签约意愿较高的地区，政府可以加以引导和鼓励，并给予一定的政策支持，使得整个工作能够顺利完成。从全国自治改造的实践历程来看，政府应该建立一个强有力的领导体系，比如在"自改委"中设立临时党支部，对"自改委"的行为进行规制和引导，促使群体行为的合法化和有序化。而针对不同地区的群众需求，政府可以制订多种安置方案，在选址、户型设计等方面充分征求居民意见，保障公民的利益落实。此外，要切实考虑少数群体的需求，如部分地区采取了"产权共有"的制度，缓解了低收入居民的资金压力，促进公民对征收工作的配合。

棚户区改造是一个政府与市场、业主长期博弈、利益不断平衡的过程，必须秉承"公平、公正、公开"的原则。政府要搭建一个多元主体的参与平台，通过"自改委"等方式来倾听民众意见；实现合作博弈需要一个具有约束力的协议，在模拟签约中体现民意；政府要做好社会治理的"元治理者"，通过规则制定和政策支持等方式，做好各方面的支持和协调工作，使得居民自愿签订征收协议，并能切实享受到更好的社区生活。

第七章

自治改造（模拟搬迁）签约
阶段的多元协作治理

　　棚户区的模拟搬迁，是在新《条例》出台之后，为了更有效地推动棚户区改造，地方政府通过创新走出的一条有效途径。模拟搬迁在既有的法律法规框架下，地方政府赋予业主尽可能大的参与权和决策权，主动限制自身权力。但同时，也将相应的义务和责任转移给了社会。改不改、怎么改，不再是政府一家说了算，是政府、市场和社会商量着办；但正是由于将改不改的主动权交给了辖区居民，民众也必须承担集体行动的责任：必须在规定的时间和比例前提下，才能引发政府主导的改造项目的启动。

　　模拟搬迁包括两个阶段，第一阶段是模拟搬迁方案制订与公布阶段。在上一章，我们已经结合全国各地典型案例进行了深入分析。当正式的补偿方案公布后，又将进入更为重要的环节：模拟搬迁的签约阶段。一般来说，为避免与业主的签约陷入长时间的"拉锯战"，从而拖延城市的更新改造进程，地方政府都为模拟签约附加相应的时间和签约比例的限制条件，比如三个月时间内达到 95% 的签约率。前面我们提到的曹家巷的案例提出的条件是，100 天内达到 100% 的签约率，即所谓的"双百方针"。这也是为什么全国各地的棚改项目公布的补偿方案一般都称作"附条件补偿安置方案"。也就是说，只有达到了相应的时间和比例条件，政府与业主所签订的改造协议才会生效，项目才会启动。如果第一个阶段各方的博弈和协作主要集中在改不改、怎么改、怎么补偿上面，那么第二阶段，各方博弈和协作的焦点则集中在是否能在规定的时间内达到相应比例的签约率。从实践来看，第二个阶段往往会面临更多问题，对各方的协作提出更高的挑战。在签约阶段，政府、"自改委"、棚户区居民等各方出于对自身利益或关注点的考量，纷纷凭借各自的权力、资源进行互动博弈，多方协作的关键要素在这一阶段体现得更为充分。对这一阶段的协作进行深入分析，能让我们更清楚地认识当前社会公共事务治理要走向良性的多元协作治理模式关键的要点在哪里、政府在其中需要发挥的作用和承担的职责是什么。

第一节 《附条件协议搬迁签约公告》

一 《附条件协议搬迁签约公告》的发布

2012 年 12 月 18 日，金牛区曹家巷一、二街坊危旧房（棚户区）片区自治改造附条件协议搬迁动员大会顺利召开，随后该片区自治改造委员会和成都北鑫房屋投资有限公司发出了《金牛区曹家巷一、二街坊危旧房（棚户区）片区自治改造附条件协议搬迁改造决定》，向广大被搬迁居民公示此次自治搬迁改造的相关情况。在经过政府、企业、"自改委"以及居民的多次协商讨论后，2013年2月26日，充分吸纳了"自改委"和群众意见的《曹家巷一、二街坊危旧房（棚户区）片区自治改造附条件搬迁安置方案》正式出台，曹家巷棚户区改造的前期准备工作已逐渐完成，棚户区居民们都在等待着签订模拟搬迁协议，曹家巷棚改顺利进行。2013年3月8日，《成都市北改曹家巷一、二街坊棚户区自治改造项目附条件协议搬迁签约公告》（以下简称《签约公告》）正式张贴到曹家巷一、二街坊和整合单位各楼栋的墙上，明确了该改造项目的各项搬迁细节。自3月9日起，曹家巷一、二街坊的自治改造迎来关键时期，签约阶段正式开始。

纵观棚户区改造的整个流程，如果说入户调查、房屋价值评估以及补偿安置方案的制订是为拆迁改造做准备的话，那么居民签订模拟搬迁协议则是决定改造能否成功实施的最为关键的一步。所谓的"签订模拟征收搬迁协议"，是指在政府相应单位公布了模拟搬迁补偿方案之后，房屋合法所有权人可以与政府相应单位签订模拟搬迁协议，即统一补偿标准的、"附带生效条件"的协议。[①] 签订模拟征收搬迁协议完全基于民众自愿，是自治改造的重要环节，在此阶段中政府、"自改委"、居民等多

---

① 签订模拟搬迁协议对搬迁进程影响重大：若模拟搬迁实施期限届满时，签订模拟搬迁协议的户数未达该区域总户数一定比例的，就终止模拟搬迁；如果在模拟搬迁期限内，签订模拟搬迁协议的户数达到改造范围内总户数一定比例的，由相应单位向政府申请做出房屋征收决定，模拟搬迁补偿方案即作为征收补偿方案，模拟搬迁协议生效并与征收补偿协议具有同等效力；若模拟搬迁期限内，签订模拟搬迁协议的户数达到100%的，就按照约定履行协议，相应单位不再申请房屋征收决定。

元主体的行为将会直接影响签约结果，进而影响棚改项目能否顺利进行。

　　成都市根据国务院《国有土地上房屋征收与补偿条例》的核心要义，结合棚户区改造的已有经验，将模拟搬迁作为房屋征收的重要环节。2012 年成都市发布的《关于在房屋征收中做好模拟搬迁工作的指导意见》对模拟搬迁签约户数做了一定的规定，即在模拟搬迁期限内，签订模拟搬迁协议的户数达到改造范围内总户数 95% 的，房屋征收部门可向征收主体申请做出房屋征收决定，模拟搬迁补偿方案即作为征收补偿方案，模拟搬迁协议生效并与征收补偿协议具有同等效力。签订模拟搬迁协议的户数不足95% 的，终止模拟搬迁。2013 年 12 月，成都市发布了《关于进一步推进中心城区旧城改造规范房屋征收与补偿行为的通知》，规定市中心城区的旧城区改造达到 95% 以上签约率就可以进行房屋征收。可见，根据成都市的政策规定，只要模拟搬迁签约率达到了 95%，即可进行下一步的搬迁工作。但是本研究的核心案例——曹家巷棚户区改造中关于签约比例的规定则具有明显不同。

　　2013 年 3 月 8 日张贴的《签约公告》对曹家巷棚户区改造的基本原则和方式做了明确规定：曹家巷一、二街坊危旧房（棚户区）片区为自治改造……改造方式为附条件自治搬迁改造。即在规定签约期内签约率达到 100%，则《附条件搬迁补偿安置合同》自签约期结束之日起生效；未达到 100%，则此次自治改造中止。自搬迁方案上墙公布之日起 100 日内（含第 100 日）为签约期。公告中规定的模拟搬迁协议签约比例与成都市的规定具有明显不同，因其规定的签约率为 100%，而又因签约期限为 100 天，曹家巷棚户区改造的基本原则被称为"双百方针"。对于曹家巷棚户区来说，需要在 100 天之内获得改造范围内所有居民的同意，这仿佛是一个不可能完成的任务。但因为其最终的归宿只有"改造"或者"不改造"，所以"双百方针"颁布之后，多元主体的参与行为发生了一定的转变，对自治改造产生了较大的影响。可以说，地方政府提出的"双百方针"是影响该案例棚户区改造各参与方博弈和协作的非常重要的因素。

二　《附条件协议搬迁签约公告》的影响

在探讨《附条件协议搬迁签约公告》的影响之前，我们将首先分析政府为何在棚户区改造中设置了模拟搬迁协议的签约流程，以便更深入理解签约公告发布后所带来的影响。前面案例提到棚户区改造涉及的居民人数较多，利益纷繁复杂，且居民的改造意愿并不一致。正是在这样的背景下，地方政府创新实施模拟搬迁，将自主权和参与权下放给民众，但自身也保留某些关键权力，比如，在模拟搬迁两个阶段都可以看到的一些时间和比例限制、补偿的基本标准等，不难发现政府实施模拟搬迁签约流程的主要目的有三：其一，通过签约流程，可以征集预征收范围内的被征收人拆迁意愿，考量改造项目是否能够顺利实施；其二，及时公布棚户区改造居民的自愿签约过程和结果，保证改造项目尊重民意，体现少数服从多数；其三，将征收过程中可能产生的矛盾进行内部消化，通常由征收方与被征收方协商解决可能产生的各种问题。可见，政府设置模拟搬迁签约流程能够有效地提高居民的参与度，推动自治改造发展，使得棚户区自治改造更加规范化、合法化。

在模拟搬迁签约流程正式启动前所颁布的签约公告对于整个签约流程具有重要的意义。2013年3月8日《成都市北改曹家巷一、二街坊棚户区自治改造项目附条件协议搬迁签约公告》正式张贴上墙，它的公布不仅表明曹家巷棚户区的自治改造进入了一个决定性的阶段，其中的关键内容"双百方针"还在较大程度上影响了自治改造参与各方的行为和自治改造的进程，进而影响了多元协作治理模式的形成发展。可是政府为何要制定"双百方针"这个难以实现的政策呢？换言之，根据曹家巷棚户区的实际情况与单位、市场、政府都不愿意接招的过往经验可知，曹家巷进行改造可谓困难重重，但正是在这种情况下，政府为何还制定了"100天内达到100%签约率"的目标？

我们可从以下几个方面理解政府为何制定"双百方针"。首先，对于曹家巷棚户区改造，金牛区委区政府提出"自治改造"，即"政府主导、群众主体、单位协同、依法改造"的思路，因此，"双百方针"的核心要义在于充分尊重民意，只有当绝大多数民众了解并同意征收与补偿的方案与内容后，自治改造才可以顺利运行。其次，"双百方针"公布后，政府通过向"自改委"下放权力进行了职能的转变，"自改委"有效地承接了政府在棚改工作中的部分社会服务的职能，通过社会部分参与治理的资源，能推动"双百方针"的实现。最后也是最重要的，签约过程中的"双百方针"是地方政府为推动实施项目改造而采取的策略性行为，"双百方针"实质上是政府将是否拆迁这一集体行动的压力转移给群众自向的重要措施，由原先的政府单方面执行拆迁政策，转化为以民意来决定是否拆迁，以期利用群众内部的动力来促进签约的顺利进行。通过以上几个角度的分析，有助于我们充分理解政府为何制定"双百方针"，也有助于进一步理解包含了"双百方针"的签约公告发布所产生的重大影响。

《附条件协议搬迁签约公告》的公布，对棚户区自治改造进程、改造中多元主体行为、自治改造的理念均产生了较大影响。对曹家巷棚户区自治改造进程产生的重要影响体现在签约公告作为模拟搬迁签约阶段的重要文件，有助于推动签约乃至加快整个自治改造的进程。曹家巷棚户区改造签约公告中的"双百方针"规定100天的签约期限内完成100%的签约，就有效地推动了自治改造的进行。2013年3月9日，曹家巷一、二街坊协议签约正式开始，凭借政府、"自改委"等主体对于"双百方针"的坚持，2013年6月16日，曹家巷一、二街坊自治改造搬迁签约率就已达99.2%，2013年7月15日，除马鞍南苑一栋居民不改造之外，曹家巷整个改造片区拆迁签约率已达100%，拆迁改造正式启动。因此，从时间上看来，《附条件协议搬迁签约公告》的公布能够有效地推动棚户区居民快速签约，在规定的时间内以最高效率完成签约工作，加快整个自治改造的进程。对曹家巷棚改中多元主体的行为影响主要体现在促使多元主体的行为发生了一定的转变，而发生此种转变的原因在于签约公告中所规定的"双百方针"影响了多元主体的切身利益。

根据"自改委"的摸底调查，曹家巷棚户区居民基本上可以分为两类，一类是拆迁改造的支持者，另一类则是反对者。签约公告发布后，整个曹家巷改造片区需达100%的签约率整个项目才能顺利进行，签约结果将实实在在地影响拆迁改造支持者和反对者的切身利益，并深刻地影响着各类业主的行为。随着签约进展愈发困难，拆迁改造支持者与反对者间从温和的教育劝说转变为采用更为极端的处理方式，如限制未签约用户的人身自由、使用言语攻击、半夜制造杂音影响住户休息等。签约公告发布后，作为多元主体之一的政府行为也发生了转变，从之前补偿方案协商的主体之一转变为居民纠纷的仲裁者、签约过程的监管者。对于自治改造的理念产生的影响主要体现在充分贯彻了尊重民意、群众工作群众来做的理念。曹家巷棚户区改造通过签约公告的发布，及时有效地将改造方式、原则、工作流程、住户签约进展等情况公之于众，自始至终让"自改委"代表居民参加各种会议，了解签约阶段的流程与环节，充分做到了让群众全程参与。对于签约过程中出现的各种问题也并不是采取政府强力管制的方法来处理，而是采取"多数群众去做少数群众的工作"的方法，推进签约进程。因此，曹家巷棚户区改造中《附条件协议搬迁签约公告》体现了充分尊重民意、以民意为主导的自治改造理念。

第二节　签约期内各方的互动与博弈

棚户区改造不仅是一项有关市政建设的重大工程，同时也是关乎人民群众生活质量高低的民生工程。从我国棚户区改造的经验看来，棚户区的拆迁改造一直是一个复杂困难的问题。因为在改造过程中，政府、棚户区居民、开发商各方都有不同的利益诉求。但是要推进棚户区的改造，各主体必须要做好利益协商，自愿放弃或者让渡某一部分利益，否则，棚户区改造项目就无法实施，社会治理的多元主体协作也无法开展。为了实现棚户区改造的有效进行，多元主体需要基于各自的利益诉求采取行动，并产生对应的利益博弈行为，在相互协调和妥协过程中达成协作模式。本研究认为，签约期多元主体的互动和博弈主要体现在以下两个方面。一是政府与社会的博弈。政府通过"自改委"等中间桥梁与社会展开博弈，并利用政府的行政手段推动棚户区改造的顺利进行，政府与社会的关系调整是促进棚户区改造有效进行的关键。二是社会内部的博弈。社会内部的博弈主要体现为居民内部的支持者和反对者之间的利益冲突与协调，棚户区改造的支持者和反对者之间会产生一系列的冲突，而双方又会采取一系列方法展开博弈，居民的行为选择对棚户区改造的结果会产生重要影响。因此在这里，我们有必要对政府、棚户区居民、开发商等多元主体在此阶段的行动目的、利益等作出简单阐述，并讨论各个主体如何在签约期阶段进行博弈、合作以实现有效的社会治理。

一　签约期政府与社会的博弈过程分析

（一）多元主体的利益分析

在棚户区改造的过程中，政府与拆迁户的博弈是促进签约顺利进行的关键。由于政府、市场和社会各自具有不同的利益诉求，因而在棚户区改造的过程中，各个主体也会采取相应的措施以促进各自目标的达成。一方面，政府通过引导成立"自改委"，并通过"自改委"中基层党建的引领实现了对居民的领导和协调；另一方面，政府也通过行政手段和策略性方式，促进棚户区改造的反对者转变观点，同意进行棚户区改造。地方政府在与社会的博弈过程中，主要基于自身的利益和责任而采取相应的措施。根据前文中所述，地方政府在棚户区改造中主要考量包括政府的合法性（响应民众需求、维护公共利益）、科层制逻辑与地方政府竞争三个方面。

首先，政府作为公共部门，其首要职能在于响应民众需求、维护公共利益。在棚户区改造中政府也应该为棚户区的居民提供公共服务，提升居民的居住质量。但是根据"经济人"假设，地方政府同样还有其他方面利益的考量。或者，我们不妨把政府自身的"利益"看作执政一方的"约束条件"。这些约束条件包括以下几点。第一，棚户区改造是党中央、国务院的一项重大的改善民生、促进经济社会健康发展的战略行动。中央通过任务层层分解、绩效考核等方式，将任务落实到各个省市。依此逻辑，全面推进棚户区改造的任务最终转化为基层政府（区、县级）的一个个具体项目。可见，从纵向的压力型体制和绩效考核上看，地方政府有强大的动力推动棚户区的快速改造。第二，地方政府还处于横向政府的竞争之中。对老旧城区的面貌进行提档升级、修建城市商业和文化地标、提升城市土地综合价值等的一些做法，是城市提升发展环境竞争力的重要途径。

以成都市为例，2012 年成都市政府发布的"北改"战略，①涉
及城市空间布局的优化、产业布局的调整、生态环境的提升等，
这些战略的推动必须以区域内的棚户区改造的顺利推进为前提。
从全国各地调查资料来看，地方政府在编制辖区内的棚户区改造
项目计划时，往往都是基于区域内城市空间规划布局来进行选择
的。一些处于规划核心中的地块将会优先被列入改造计划之中，
而那没有处于核心规划区域内的地块，其改造进程必然滞后。第
三，在具体的项目上，地方政府还面临极大的财政资金的约束。
虽然地方政府可以通过国家开发银行得到部分低息或无息贷款，
但贷款最终需要偿还。由于地方财政资金的紧张，也不能指望通
过财政资金来弥补缺口。因此，补偿给搬迁居民的费用一般情况
下都是通过棚改与商业开发相结合的方式来弥补：棚改后，将平
整出来的部分土地规划为商业用地，通过土地拍卖，尽可能地实
现收支的平衡。因此，政府在与拆迁居民协商补偿标准时，必定
会精打细算：既要符合上级政府给定的赔偿最低标准，又要满足
老百姓的各种要求，最重要的是还要能在收支上做到基本平衡。

其次，开发商是棚户区改造中的又一重要主体。开发商不仅
负责棚户区的拆迁，还负责后续的建设开发，他们希望通过实现
土地使用权的流转来实现盈利，希望通过最小的投入来实现最大
的收益。因此，在补偿阶段，开发商的行动目的是降低成本、争

---

① 成都市北部城区老旧城市形态和生产力布局改造工程简称成都市"北改"工程或"北
改"，2011 年以来，为打造西部经济核心增长极，构建世界生态田园城市，建设宜人成
都，成都市提出了"交通先行""产业倍增""立城优城""三圈一体""全域开放"五
大兴市战略。"北改"是实施"优"化中心城区极核的龙头工作。

取成本更小的补偿方案。一般来说，在棚户区改造项目中，政府会制定一定的税收优惠政策来吸引开发商的参与，比如，对改造项目免征城镇土地使用税和印花税等。[①] 此外，城市棚户区改造项目一般处于城区中心，棚户区成功改造后周边土地增值带来的巨大利润也促使着开发商投入棚改项目。但开发商也有自己的考量，比如政策的持续性有多强、政府给予的优惠会持续多久、在补偿阶段是否可以争取到更低的赔偿标准等。这些不确定性使得开发商在参与补偿方案的制订时一般不会直接和民众进行一对一谈判，而是与政府进行谈判，实现利益最大化。

最后，棚户区改造中的另一个重要的主体是棚户区居民。相对于政府和开发商这两个主体来说，棚户区居民的数量是最多的，同时利益也是最复杂的，可谓"众口难调"。通常居民都希望通过改造改善生活环境，提高生活质量，获得更高质量的公共产品和公共服务。虽然"众口难调"，但棚户区居民在补偿阶段都有一个共同的目的，那就是通过参与补偿安置方案的制订，获得更高的或者是至少不低于市场价格标准的赔偿。在实际改造过程中，就拆迁补偿方案进行谈判一直是棚改过程中的焦点，如果补偿标准远远低于居民的心理预期，无疑会造成居民抵触政府拆迁的态度或行为。因此，社会上出现的某些"钉子户""期待第二方案"的现象就得到了合理解释，最大的原因在于其利益诉求没有得到实现。与具有强大公权力的政府和资金雄厚的开发商相比，棚户区居民的谈判能力相对较弱。因此，在参与补偿方案的制订时，

---

① 史晓琴：《论有关经济主体行为选择对棚户区改造的影响——基于公共选择理论的分析》，《经贸实践》2016 年第 11 期。

就需要政府发挥应有的作用，维护居民利益。

（二）"双百方针"中政府和社会的博弈

在新《条例》颁布后，各地拆迁行为得到了明显的规范，而对于如何破解公权力对民众的侵害、促进公众参与的难题，曹家巷的"双百方针"则为我们提供了一种思路。"双百方针"本质上是一种"捆绑协议"，通过对双方行为进行约束，实现合作博弈。[①] 要在 100 天内完成 100% 的签约，这个要求本身就意味着整个签约过程必须是极富效率，并且是被所有业主接受的。在曹家巷棚户区利益交织复杂、改造举步维艰的情况下，这仿佛是政府给自己设置的一大"障碍"，加大了改造失败的风险。那么为何地方政府还做出了这样的决策？决策背后的原因是什么？

在曹家巷"模拟搬迁"的过程中，政府主要采取了两种方式来实现与居民的利益博弈，其采取的主要措施包括以下两个方面。

首先，政府主要利用了"自改委"的优势来嵌入群众，推动棚户区改造的顺利进行。曹家巷项目所在街道和居委会首先通过指导当地居民成立"自改委"，邀请居民中的骨干参与会议，通过"自改委"来促进棚户区改造中的居民签约与矛盾化解。而地方政府也通过帮助"自改委"建章立制、在"自改委"内部成立临时党支部等方式，将民意纳入政府进行棚户区改造的全过程，从而对曹家巷的自治改造与签约过程起到促进作用。

其次，政府也通过"双百方针"这一"自我加码"的方式，

---

① 李月：《合作博弈视角下的社会治理模式创新——基于成都曹家巷居民自治改造的研究》，《前沿》2014 年第 7 期。

将压力转移到社会。金牛区政府根据成都市政府的相关文件，将签约率提高到100%，设定100天的签约时间限制，让多数群众去做少数群众的工作，用压力促进居民签约的有效进行。在棚户区签约遇到困难时，政府也通过新闻和媒体造势，形成有利于签约的舆论氛围，促进棚户区中的一些不愿意签约的群众转变观念。但是，政府在与居民的博弈中也具有一定的策略性行为，主要是基于政府的自身利益，如在支持者对反对者采取一些围堵、静坐等方式时，政府采取的是消极阻止的方式，实质上是对支持者行为的一种默许，而政府的"双百方针"也体现出政府向居民转移矛盾的策略性行为，政府通过这种方式实现了避责，居民的相互劝说和自治改造成为影响模拟搬迁的重要因素。

我们认为，金牛区政府的这些工作背后的原因主要包括以下几个方面。

第一，金牛区政府做出这样的决策无疑是想提高曹家巷棚户区改造项目的签约效率，推动项目成功实施。这一点可以从以下两个方面来理解。一方面，我国的行政管理体制是一种"压力型"体制，在这种体制下，地方政府决策执行效率高，动员能力强，[1] 但由于财权以及官员的任免在很大程度上受上级决定，这种对上负责的体制使得下级政府会采取各种方式完成上级布置的任务；另一方面，根据官员晋升锦标赛理论，下级官员的晋升与上级政府部门所制定的竞赛标准密切相关，这些标准可以是GDP增长率，也可以是其他可度量的指标。[2] 在2013年，中央大力推

---

① 负杰：《政府治理中"层层加码"现象的深层原因》，《人民论坛》2016年第21期。

② 周黎安：《中国地方官员的晋升锦标赛模式研究》，《经济研究》2007年第7期。

行棚户区改造，明确各地棚改目标量，建立目标责任制，并纳入政府官员考核范围。因此，在"压力型"体制与特有的政绩考核模式的双重作用下，地方政府必然追求所谓的任务绩效，这就不难理解金牛区政府为何做出达到100%的签约率再启动改造的决策了。

　　第二，"双百方针"实际上为政府转移压力提供了空间。以往的旧城改造房屋拆迁模式是由政府全程主导，政府规划、征收房屋，全权制定补偿与安置方案。在这样的模式下，政府与拆迁群众直接面对，群众对拆迁规划补偿标准的不满就直接施加到了政府身上。为了能顺利实施拆迁项目，政府不得不通过各种手段来加以推进，比如将项目委托给市场上的拆迁公司、"背靠背"的补偿谈判、① 通过体制内关系施加压力甚至各种暴力拆迁的手段。这样的模式在新《条例》的规范下，已经变得不再可行。在新的背景下，必须要有新的理念、通过新的途径，才能有效推动棚户区的改造。在曹家巷棚户区改造案例中，政府的角色由全程主导转变为了协助引导，依靠居民自治改造委员会进行民主拆迁，补偿方案也包含了自治改造委员会的参与，减轻了政府部门的工作压力。首先，"双百方针"公布后，为了在100天内达成100%的签约率，"自改委"充分发挥了沟通引导、动员群众的作用，采用"到不愿拆迁的居民家门口静坐""随时随地与不愿拆迁的人闲谈拆迁的好处"等方式，争取最高的签约率，这就在一定程

---

　　① 这是新《条例》之前许多地方政府与拆迁业主协商补偿标准的通行方式。政府在补偿标准上并不透明，而是一对一地与业主进行协商。虽然有一个基本的赔偿标准，但往往是各家各户执行的赔偿标准都不一样。结果可想而知，容易做工作、先妥协的业主得到的补偿较低；而那些不愿意拆迁、对补偿标准不满的业主，尤其是"钉子户"，往往能得到更多的补偿。这种不透明的补偿方案，是导致越来越多"钉子户"和上访户的重要原因。

度上转移了政府工作的压力与责任。将原先属于政府的工作转移给了"自改委",政府摆脱了不停地向居民宣传政策、与不愿拆迁的居民进行一对一的沟通等工作,降低了人力物力的耗费。其次,棚户区中居民对拆迁改造的意愿不一致是实施项目的主要障碍之一,从曹家巷案例中可知大部分人都同意拆迁,但有少数居民仍持投机态度,希望拖延时间以获得更多的补偿,这种投机方式在曹家巷改造坚持"一把尺子量到底"的原则下并没有获得任何好处。"双百方针"将所有的居民捆绑在一起,要么拆迁,要么不拆迁。因此,绝大部分同意拆迁改造的居民害怕因为少数居民不愿意拆迁而使其利益受损,便会采取各种方式对少数居民"做工作",让这一少部分人认识到,他们是否签约决定着整个曹家巷棚户区改造项目是否能够实施。这样,还想通过讨价还价方式获得更多利益的少数人就背负上了道德压力,迫使其做出同意拆迁的决定,自然而然地就提高了签约的效率。最后,"双百方针"将棚户区改造项目中政府所应承担的责任部分转移给了居民。"双百方针"所秉持的前提是项目改造完全基于群众自愿,即"改不改群众说了算"。如果由在 100 天内达不到 100% 的签约率而导致项目中止,政府完全可以将项目中止的责任归咎给社会民众,实现政府"卸责"。[①] 因此,从某个角度来说,"双百方针"也是地方政府的主动加码策略,为政府转移谈判和签约压力提供了契机,将政府自身承担的改造压力成功地转移到被拆迁人身上,是对政府极为有利的一项策略。

---

① 凌争:《主动"加码":基层政策执行新视角——基于 H 省 J 县的村干部选举案例研究》,《中国行政管理》2020 年第 2 期。

　　第三，"双百方针"的实施模糊了棚户区改造中的关键点，降低了政府进行拆迁所面临的法律风险。房屋拆迁改造关系居民的切身利益，改造风险存在于拆迁全过程，包括项目合规风险、补偿安置方案风险、强制执行风险等。站在政府角度看，曹家巷棚户区改造"双百方针"决策公布后，由"自改委"负责与不愿签约的居民进行沟通，弱化了政府作为棚改项目关键负责人的角色，有效地避免了部分民众将矛头对准政府，减少了发生官民冲突的风险。此外，通过"双百方针"，能够将政府与被拆迁人进行协商谈判的行政行为转化为民众与民众之间进行交流协商的民事行为，这既提高了棚户区改造的民意基础，又降低了政府面临的诉讼的风险。2011年新《条例》中规定："征收房屋必须是为了保障国家安全、促进国民经济和社会发展等公共利益的需要。"现实中，地方政府的棚户区改造项目是否完全出于实现公共利益的考量、补偿方案和标准是否合理、对不同的签约档期给予不同的金钱奖励是否体现了社会公平等，这些问题都将在司法过程中被更加深入地辩论，而地方政府显然承受不了诉讼失败导致政府公信力与良好形象受损的风险，更不愿意承担由此带来的上级问责的后果。因此，"双百方针"在将行政行为转化为民事行为的同时，也就大大降低了政府所可能面临的此类风险。

　　第四，自治作为解决集体行动困境的方法之一，使"双百方针"获得满意结果。政府通过"双百方针"将所有居民捆绑在一起，在这种捆绑下，个人的利益选择会直接影响集体利益是否能够实现。曹家巷棚改中居民改造意愿不一直接导致集体行动困境的出现，奥尔森将这种逻辑解释为"除非一个集团中的人数很少，存在强制或其他某些特殊手段促使个人按照他们的共同利益行动，理性的、自立的个人将不会采取行动实现他们共同的或集团的利益"①。在曹家巷拆迁改造过程中，个人利益与集体利益并没有保持和谐一致，个体理性和集体理性之间存在一定的冲突，在100天的时限内如果双方僵持，必然导致改造无限期搁置。但是曹家巷改造所采用的居民自治改造模式为"双百方针"的实现提供了非常大的便利，这体现了在集体行动的逻辑下，具有共同利益的个人将会自动或自愿采取行动促进这些利益。因此，在自治改造模式下，看似不可能达成的"双百"目标也顺利完成了，自治作为解决集体行动困境的方法发挥了重要的作用。在政府难以介入成功沟通协调的情况下，居民自治委员会凭借居民的信任，发挥沟通协调、自主治理功能，逐渐形成了自治改造委员会对公共事务管理的秩序安排，解决集体行动的困境，推动了"双百方针"决策的成功实施。

然而不可否认的是，"双百方针"是政府的一种策略性行为，它使政府、市场和社会主体处于利益博弈的场域之中，并最终形成了良好的政策效果。无疑，由于掌握规则的制定权，政府在博弈中处于优势地位。对于地方政府来说，其关注点是在拆迁和改建过程中可以获得土地价值的提升和对市容市貌的提档升级。政府并不希望直接诉诸法律（即征收），而是通过"双百方针"实现了居民内部的相互推动，通过"自改委"和居民的内部说服来促使人们参与拆迁，其主要基于以下的利益考量：模拟搬迁的基

---

① Mancur Olson, "The Logic of Collective Action," *Central Currents in Social Theory: Contemporary Sociological Theory*, pp. 163-186, 2000.

本原则是"居民自治"，这意味着需要居民基于完全的自愿行为，如果不设置 100% 的同意率，实际上是多数人对少数人意愿和权益的侵犯。此外，政府也有自身的考虑：法律上诉是一个漫长的过程，且政府并非完全出于公共利益进行棚户区改造，也有想争取经济发展和获得政绩的打算，如果居民采取上诉措施，政府很难完全在法律上获胜。因此，政府有很强的动机将行政行为转化为民事行为，并对其加以引导和支持，以实现 100% 的签约率，从而避免陷入司法诉讼的严重后果。

二　民众内部的互动博弈

民众内部的博弈主要体现为居民中的支持者和反对者之间的博弈。纵观棚户区改造的整个过程，政府、被拆迁居民以及市场中的开发商之间的博弈无处不在，但是模拟签约阶段是博弈最为激烈的阶段。在这个阶段各主体都为了实现自己的利益最大化而采取各种手段进行"斗争"。尤其是棚户区居民，他们参与利益博弈的手段和方式是最复杂的也是最多样化的。在曹家巷的棚户区改造案例中，居民内部的博弈主要体现在以下两个方面。首先，支持者通过说服、劝说等手段推动棚户区改造的步伐；"自改委"带领群众通过开展"坝坝会"等方式向群众解释政策。其次，居民中的支持者通过一些熟人关系和策略性手段对反对者进行劝说，如通过找到房屋的主人或者亲朋进行劝说，与反对者打"持久战"等，甚至用大喇叭广播的方式促进居民的签约。而反对者则基于其利益采取了不相同的反对措施，阻碍签约的顺利进行。如曹家巷的一位因有多套房产而不愿签约的业主，在签约过程中采取了拖延和讨价还价的行为，希望获得更多的补偿。此外，也有部分居民以房屋出租等原因拒绝签约，这些都体现出棚户区改造中反对者的行为。

在曹家巷"自治改造"的过程中，"自改委"起到了重要的组织和调节作用，推动了合作博弈的进行。其原因主要体现在以下几个方面。首先，"自改委"的成员主要来自各界精英，具有一定的专业知识，能够运用专业知识说服群众。"自改委"主任曾担任过建筑企业合同预算科科长，大部分委员都有直接或间接的参与上访的经历。其次，"自改委"选自群众，具有号召力和动员力。"自改委"成员也是棚户区改造中的业主，平均年龄62.5岁，因此，更加能够感同身受地理解居民的诉求，并与居民进行较好的沟通。最后，"自改委"的成员大多是原公司的员工或家属，并通过单位制施加影响，具有较高的动员力和号召力，相较于企业能够产生较好的政策执行效果。"自改委"在棚户区改造中的利益主要是希望争取更多的征收补偿，同时尽快推进棚户区改造的顺利完成，因而其在与多元主体进行博弈的过程中主要采取了两方面的策略：一方面与政府沟通，争取更优惠的赔偿方案；另一反面，通过各种策略说服不愿签约的住户。比如，挨家挨户走访，宣传政策、利害关系；组织大家出游，维系关系，沟通想法；组织腰鼓队，施加压力；发动群众，通过围追堵截等各种方式，迫使少数人签约；联系住户的亲戚、单位进行游说，让亲戚、领导做工作等。总体来看，"自改委"的各种措施取得了相对较好的效果，可见遵从民意和发动群众是促进政策顺利执行的关键性因素，只有当政策充分反映民意并被民众所接受，这项政策的执行阻力才会降到最低，并有利于多元主体的共同合作。

曹家巷地区采取的自治改造和"百分之百"签约等具体措施，在本质上都是对多元主体共同参与社会治理模式的一种方式的探索，其主要目的是将政府对市场和社会的控制力逐步转移，给予多元主体平等博弈的平台和空间，从而使公众可以有效参与政策过程，使得政策更加民主化、法制化，并规范政府机关的行政行为，提升行政效率和质量，构建服务型政府。为了实现以上目标，地方政府采取了以下措施。

第一，建立了"政府主导、群众主体"的自主改造模式。为了保障居民能够具有平等参与博弈的能力，街道办和社区指导成立了"居民自治改造委员会"的协商平台，引导政府、驻区单位和群众在同一个平台协商，更容易达成共识。在房屋征收的过程始终，"自改委"分别承担了以下任务：选定评估机构和项目承包公司；完善补偿方案和制订返迁房规划设计方案；开展模拟搬迁签约；接受政府引导，加强对征收过程的民主参与。"自改委"本身也随着工作的展开而进行不断调整和适应。一方面，"自改委"成员就权责关系、工作内容和权利范围进行商讨，并成立临时党支部，在社区党委的领导下开展工作，同时颁布了《曹家巷一、二街坊危旧房棚户区自治改造委员会工作规则》，创立了自治改造例会制度、重大事项通报制度、重要工作意见征询制度、重大事项票决制度和集体学习制度等一系列规章制度，为"自改委"后期工作确立了行为规范，这也是从制度层面对居民们知情权、决策权和监督权的保障。另一方面，金牛区委区政府和媒体对"自改委"给予的支持，也是推进"自改委"工作的一大动力。对于征收、安置方案中群众不满意之处，区政府与"自改委"进行多次协商，并召开会议对安置方案进行研讨，对补偿方案进行修正；在"自改委"遇到人们质疑的时候，区政府对他们进行鼓励，支持他们做好群众工作，并给予居民政策倾斜和补贴。

第二，做好信息公开，畅通利益诉求表达机制。多主体协作成功的重要前提之一就是信息的公开和基于充分信息之下的相互的信任。在曹家巷的征收决定制定过程中，政府和"自改委"对各项政策和信息的及时公布是能够获得居民同意和支持的一大要素。在曹家巷的自治改造中，居民们通过"自改委"而形成了和政府的双向沟通，通过"自改委"传递居民的利益诉求，避免了政府的信息错位和居民对政策的误解，起到了"中间人"的作用，有利于化解政府与居民的矛盾，使得政策充分反映公共利益。而在改造的过程中，则实现了信息的全公开，比如"自改委"的规章制度、改造的具体原则、工作流程、补偿标准、群众签约制度等，使得居民对当前的政策和改造进度有充分的了解。另外，曹家巷通过"签约倒计时牌"、"住户签约情况公告牌"和"周边同类房屋价格公示牌"这三块公示牌来及时反映模拟搬迁的进度，这种信息透明有助于提高居民的自觉性和紧迫性，从而加快签约速度。而这种信息公开本身也是对政府行为的规范，将行政执法置于法律规章的范围之内，使得拆迁和征收行为受到人民的监督，增加了人民对政府的信任。

第三，坚持"一把尺子量到底"，规范政府和居民行为。社会治理的一个重要特征是多元主体的平等参与，要保证主体的平等性，加强对政府的监管，防止政府对市场和社会的过度干预。在传统的行政拆迁过程中，政府在房屋的拆迁、安置方面具有很大的自由裁量权，拆迁事由没有具体的要求，房屋征收由得到许可证的单位执行，安置方案实行"一刀切"。整个拆迁过程忽略了居民是否能够从中获益，拆迁方案是否能够提高居民的生活水平，拆迁并不需要经过公民同意，居民的话语权很小。而在自治改造的征收行为中，通过一系列的制度，不仅保护了公民的合法权利，也限制了政府的权力。从行为主体来看，征收的主体必须是地方人民政府，且政府必须出于公共利益需要，公民参与是政策制订过程中的关键。比如，事先对公民意愿进行调查、决策方案需要"自改委"代表居民讨论通过、模拟征收需要绝大多数人签约才可以通过等。而公开的信息和行政上诉的渠道，也使得公民可以更加主动地表达自己的需要和诉求，提高了公民的政治意识和维权意识，也有助于全社会加强对公共权力的监督。

综上所述，政府在做出"双百方针"的规定之前，充分吸收了居民自治改造委员会的意见，为实践中"双百方针"的推行与实现奠定了坚实的基础。出于完成棚户区改造目标量的任务要求、转移政府责任与降低政府风险的考量以及推动项目顺利实施等原因，地方政府出台了"双百方针"，而民众对于项目成功实施的渴求心理、"少数派"所背负的道德压力、自治改造模式所具备的沟通协调功能等推动了签约的快速进展。

第三节　妥协与项目确立

一　多元主体间的利益妥协

棚户区改造签约阶段中多元主体之间的互动与博弈可能产生两种结果：一种是多元主体间通过谈判、协商等方式达成一致，做出让步与妥协；另一种是博弈双方互不让步导致项目被搁置。分析曹家巷棚户区改造模式不难发现，政府、市场、社会等多元主体间的谈判、协商在自治改造的形成发展过程中起到了关键性的作用，而主体间的适时妥协更是多元协作治理模式运行中的关键一环，影响多元主体的博弈结果与社会治理成效。美国学者史密斯（T. V. Smith）将政治妥协理解为一种折中的方法，"冲突中的每一方都放弃一些可贵的，但并不是无价的东西，以得到一些真正无价的东西"，以实现冲突双方利益的满足。[①] 与以上概念类似，棚户区改造中的多元主体作为利益冲突的各方，以社会共同体为念，以相互宽容为怀，依据共同认可的规则，通过彼此间利益的让渡来解决相互之间的利益冲突，过程与结果体现着非暴力和互利性的特点。[②] 近年来随着社会民众对于政治生活、社会治理等方面的广泛参与，国家的社会治理体制得到了更多的创新与完善。政府作为社会治理的关键主体之一，已经明确意识到，社会民众已经具备与政府协同进行社会治理的能力，要想促进多元

[①] T. V. Smith（eds），*The Ethics of Compromise and the Art of Containment*，Boston Star King Press，pp. 45，1956.

[②] 罗维：《政治妥协：何以可能?》，《马克思主义与现实》2007 年第 2 期。

协作治理模式的完善，政府绝不能将其他主体排除在治理体系之外、主导社会治理的全过程，而是要保持理性，发挥服务型政府的作用，为多元主体间协作提供可行的制度框架范围，适时妥协而促成多元主体的共赢局面。①

自 2013 年 3 月 9 日起，曹家巷棚户区居民正式启动附条件搬迁签约，一些居民连夜排队，一个月之内顺利签约达到 60%。如果是采用传统征收拆迁模式，通常签约率达到 60% 之后就进入"滞缓"阶段，项目拖上一两年的情况时常发生。2013 年 6 月 16 日，曹家巷一、二街坊自治改造搬迁签约已达到 3337 户，签约率达 99.2%，此时仍有 27 户未签约。但在此时 100 天的签约期限已满，项目签约率并未达到 100%。根据《附条件协议搬迁签约公告》，曹家巷棚户区改造项目按理来说应该搁置，但已签约的棚户区居民完全不能接受这一结果。眼看着雨季即将来临，棚户区已签约的居民们要求立即启动项目，可是签约期内签约率没有达到 100%。按照自治改造的规定改造无法启动，但不改造基层政府却无法向已经签约的 3000 多户居民交代。项目进展陷入两难境地。

成都市金牛区委副书记、曹家巷拆迁改造项目总指挥胡斌认为，曹家巷棚户区改造的根本目的就是要解决绝大多数老百姓居住条件的困难，并且采用自治的方式，以尊重绝大多数老百姓的意见为前提，因此，对于曹家巷项目是否继续进行，应该站在民众的角度，由"自改委"和项目指挥部再做一些磋商，形成一些具体的意见或程序。经过指挥部成员的讨论并请示区委主要领

---

① 龙太江：《妥协理性与社会和谐》，《东南学术》2005 年第 2 期。

导，最终"双百方针"有所松动，由"自改委"提出延期签约申请，将 100 天的签约期再延长 30 天。本着对全体民众负责的原则，地方政府及其相关负责部门同意了"自改委"的申请。一个月的时间很快到了，又有 15 户商品房居民自愿签约，签约率达到了 99.6%。

最后不愿签约的业主集中于改造范围内的马鞍南苑 1 栋的 12 户住房。客观来说，马鞍南苑是 20 世纪 90 年代修建的商品住宅，依据严格的标准，算不上必须改造的棚户区。但是，政府出于对片区整体规划和改造的考虑，也将马鞍南苑这样的住宅纳入项目之内。如果一开始就将马鞍南苑排除在改造范围之外，那么片区的整体规划、土地的商业价值就会受到影响。这样势必会为地方政府带来一些负面的后果：规划缺乏整体性和连贯性，城市整体的面貌、产业布局要受到影响；地块商业价值下降则意味着对开发商的吸引力下降，土地拍卖的收入将会下降，地方政府在此项目中可能会出现财政收不抵支的情况。从马鞍南苑的业主角度来看，他们的房子建于 90 年代，居住条件还不错，若按棚户区的标准给他们进行赔偿，是很不划算的；在赔偿标准与市场价格差不多的情况下，他们需要搬迁、重新购房、重新装修，这样来回折腾又不能明显改善住房条件，对他们来说确实是一件没有动力去做的事。

另外，从上级政府的政策来看，我们不得不深入探究曹家巷项目背后的"双百方针"，尤其是"签约率 100%"这一要求背后的深层次原因。新《条例》对政府征收国有土地上房屋的六类情形有明确的规定。具体到曹家巷项目，范围内占大多数的"筒子楼"确实属于改造范围。但若严格比照标准，将马鞍南苑这样的小区纳入搬迁范围，从法理上讲就有一些说不通。按照成都市2012年印发的《关于在房屋征收中做好模拟搬迁工作的指导意见》来看，达到95%以上的签约率即可开启征收工作，并没有提出"100%签约率"的硬性规定。在这些条件之下，我们就不难理解，为什么要将马鞍南苑这样的小区纳入改造范围并设置100%签约率的限制条件。其背后的实质是，地方政府在推进棚户区改造时，面临多重目标和多重条件的约束。也即是说，在资金有限的条件下，地方政府希望通过棚户区改造这个国家战略，来同时推进地方的发展，提升地方竞争力水平。而这种附加式的政策执行，在面对中央的政策文本时，可能会面临风险：如果走征收的途径，则地方政府会面临比较大的诉讼风险。在案例中，如果金牛区政府通过征收来完成项目，则可能会面临马鞍南苑业主的诉讼，且有较大的诉讼失败的风险，理由我们前面已经谈到。因此，选择设置100%的签约率，将改造项目引向民众集体自愿拆迁、政府协助实施，而不是征收，则是地方政府一种更加理性的选择。

"自改委"全体成员认真研究后，考虑到曹家巷的实际条件和绝大多数群众的强烈愿望，"自改委"代表全体住户向项目指挥部申请调整此次改造范围，即马鞍南苑1栋暂不纳入此次改造。而后项目指挥部反复、慎重讨论，同意"自改委"的申请。基于前述理由，我们可以想象，政府做出这一决定，是一个很大的让步。最后，除马鞍南苑1栋外的所有已签《附条件协议搬迁补偿安置合同》生效，项目正式启动。

曹家巷棚户区改造中政府最终延长了签约期，保留下了极少数不愿改造的住户，这体现了一个负责任的政府在多元协作治理中保留了适时的妥协。政府根据"自改委"的申请，通过妥协的方式来寻求制定各方都能接受的方案。在方案制订阶段表现为政府考虑民众利益诉求与生活诉求，不断提高拆迁项目的补偿标准；而在签约阶段则表现为在"双百方针"上的妥协，即延长签约期限；最重要的妥协在于，更改最初的规划方案，将不愿签约的马鞍南苑1栋住户排除在改造范围之外。站在多元主体博弈的角度进行分析，政府的妥协以其利益受损为代价，实现对棚户区居民的让利；而站在治理角度分析，多元主体间的谈判、协商、妥协等又是多元协作治理模式的内在要求。因此，在曹家巷棚户区改造项目中，金牛区政府的适时妥协不仅充分体现了尊重民意，还体现了政府在社会治理中探索多元协作治理模式完善方面所做出的努力。

值得注意的是，多元主体间的妥协并不是毫无底线的妥协，而是一种在规则范围内，通过合法、有序、规范的谈判协商后所做出的互谅互让的合作行为。曹家巷棚改项目中金牛区政府和"自改委"虽对"双百方针"进行了一定的改动，但仍旧坚持"一把尺子量到底"的原则，因此，改变的仅是100天签约期和100%签约率，不变的是公平和正义。再者，政府和"自改委"没有因为工作已经做到了99%而去忽略剩下的1%，多数群众去做少数群众的工作也不等同于淹没个体诉求，曹家巷改造体现了治理中民主的真正含义，民主应该是在法律、规则的框架内把保护少数和服从大多数放在同等重要的位置。因此，留下马鞍南苑一栋房子不拆，这在将来无疑是曹家巷里的一道特殊印记，体现的正是社会治理所必需的公平正义、尊重民意。

二　项目的确立与实施

在金牛区政府、"自改委"以及曹家巷居民的共同努力下，曹家巷自治改造项目模拟搬迁签约于2014年7月15日正式完成，7月16日，曹家巷一、二街坊自治改造项目正式启动实施。正式启动后，政府与"自改委"就积极配合，开始组织棚户区居民进行腾退房屋、抽签选房等工作。

由于在方案制订阶段中，政府与"自改委"为拆迁改造所做的准备已经比较完善，因此，在项目启动后，曹家巷的拆迁进程非常顺利。7月25日，曹家巷自治改造项目开始分期分批腾退房屋，"自改委"帮助已签约的居民完成腾退房屋后的必要手续，包括申请退房、提交请款等，使棚户区居民在5个工作日内顺利拿到相应的搬迁补偿款。同时，"自改委"还在异地安置抽签选房中起到了重要的协助作用。9月17日，曹家巷自治改造项目启动"第一拆"，到2014年7月13日，曹家巷棚户区改造片区除成都市电业局和省建筑医院未拆外，其余部分全部拆除，同时政府对未签约的4户业主进行定点征收。虽然仍留存着进行征收的房屋，但这并不意味着曹家巷的自治改造是失败的。对不愿意拆迁的房屋进行合法征收是政府在拆迁中常遇见的情况，曹家巷棚户区由于其复杂的居住环境，采用自治改造是最有效、最符合民意的选择：经过方案确定、入户评估、签约改造等环节中"自改委"的努力，已经缩小了"钉子户"的范围，减小了政府对于

"钉子户"进行房屋征收的阻力；同时，自治改造以民意为导向，每一环节均以民众同意为前提，这在很大程度上减小了传统拆迁模式中政府所面临的诉讼风险。因此，虽存在极少量的定点征收房屋，曹家巷的自治改造仍旧是符合棚改中多元主体利益的最佳选择。曹家巷项目正式开始建设后，"自改委"的主要工作任务转变为了对项目质量的监督，"自改委"在金牛区政府的引导下组成了质量监督小组，负责监督检查新房的施工进度和质量等。项目建设过程中，政府与"自改委"的合作仍广泛存在着。

三 棚户区居民的返迁安置

棚户区改造的最后阶段是居民的返迁问题。常见的棚户区改造的补偿方式主要分为异地搬迁、原地返迁、货币安置等。居民在搬迁安置后能否获得较好的生活状态，是评价一个棚户区改造效果好坏的重要指标。在传统的棚户区改造过程中，由于缺乏明确统一的政策规范，出现了居民返迁楼层建设延期、建设不到位，居民迟迟无法返迁等问题，损害了公共利益。在我们的调查过程中，发现了有部分地区由于开发商拖延交房，政府推卸责任，出现棚户区居民历经十年仍未返迁的问题，而解决返迁问题不仅需要地方政府增强公民回应性，监督开发商按时完成建设，还应发挥群众组织的重要作用，通过社会组织参与后续治理过程，对开发商房屋建设和居民返迁过程进行监督和服务，发挥多元主体在棚户区改造中的协作作用，为居民提供良好的居住环境。

在新房建设完成后的居民安置环节中，安置工作包括了安排返迁居民有序入住、调查居民满意度等。调查回访居民满意度不仅是为了总结补偿安置方案的制订效果，更是为了发现拆迁安置工作中可能遗留的问题，以便尽早地解决问题矛盾。在曹家巷棚户区改造的安置环节中，"自改委"在帮助返迁居民顺利入住、协助完成居民回访调查工作等环节发挥了积极作用，在政府与棚户区居民之间搭建起了沟通的平台，使出现的问题迅速得到解决。2017年6月，曹家巷一、二街坊棚户区自治改造完成了原地返迁住户的结算、交房工作，共安置原地返迁居民2498户，安置住房共计2887套，返迁居民普遍较为满意，这标志着曹家巷棚户区改造项目的顺利完工。可以看出，曹家巷具有较为完备的后续安置工作体系，政府和"自改委"在返迁之后的相关服务也较为完善。

曹家巷棚户区改造为此后全国范围内的棚户区改造工作提供了优秀的实践范例。但在其他地方的棚改项目实施过程中，也存在一些问题。许多改造项目在实际拆迁过程中，往往存在着后续处理潦草、居民一旦入住即撤出相应部门，导致居民的意见无法反馈等问题。为了解决以上问题，在棚户区改造项目即将结束、居民搬迁进新居之后，有关部门和单位不应过早撤出，应该对后期的反馈和管理工作进行部署，并加强对新住宅区的管理。为了实现居民在搬迁后能够得到生活水平的提升，具体可以采取以下措施。

一是政府强化政策保障，提升公共服务整体水平。棚户区改造是一项需要政府、市场和社会合力解决的重大问题，其中政府的领导和决策至关重要。为了加强搬迁后续的规划管理，首先，政府应加强组织领导，健全党委领导、多部门共同参与的工作机制，在居民搬迁基本完成之后，保留其工作领导小组，将工作重心转移到后续的扶持工作，重点解决贫困居民的生活问题，保障棚户区后续治理的有效性。其次，政府应该发挥其资源整合能力，通过落实部门责任制，形成各部门的合力，并加强地方预算和资金支持。在 2019 年，国家发展和改革委员会等 11 个部门联合印发了《关于进一步加大易地扶贫搬迁后续扶持工作力度的指导意见》，对解决贫困居民的后续搬迁问题做出了明确指示。2020 年，国家发改委等 13 个部门下发了《关于印发 2020 年易地扶贫搬迁后续扶持若干政策措施的通知》，从 6 个方面明确了 25 项具体措施。国家政策规定在地方实践的过程中得到了较好的体现，比如，棚户区改造的过程中，辽宁省采用了"优惠购房，分批回迁"的居民回迁战略，对居民购房予以政策优惠，如居民回迁时住宿费全免、物业费减半等，同时鼓励居民分批次回迁，以减少居民的搬迁压力；开发了"回迁难"工作系统，建立网上信息平台，落实到搬迁的各家各户，能够及时接收到居民的信息反馈；积极开展挂牌督办工作，对群众集中反映的重点、难点问题加以解决，有助于精准施策，提升公共服务的质量。

二是妥善处理棚户区居民的就业和社保问题。棚户区搬迁后居民的就业问题，是关乎居民生计的重要任务。对于配合政府政策予以搬迁的居民，政府应当提供相应的帮助，促进居民及时融入新环境，获得较为稳定的收入来源。具体措施可以分为以下几个方面。首先，当地政府应根据棚户区搬迁地区的实际情况，加强相关产业转型，加大就业岗位供给力度。政府可以对居民的就业倾向进行摸底调查，同时根据居民居住区域的原有产业情况，对症下药进行产业转型，扩大岗位容量，吸纳更多回迁居民就业，优先保障搬迁贫困人口的收入。其次，政府可以对搬迁居民提供职业技能培训，使得有劳动能力和愿意进行再就业的居民能够有工作保障，政府可以通过提供岗位信息、组织招聘会和开展技能培训等活动，搭建良好的就业桥梁，提供良好的就业服务。最后，加强政策宣传和心理疏导，改善居民的心理状态，使居民能够尽快适应新的工作和生活环境。

三是加强社区治理，营造良好的生活环境。城市公共服务软硬件设施的建设水平，在很大程度上决定了返迁居民的生活质量，对于已经竣工或者即将完成的棚户区改造项目，政府应该组织有关部门加强工程核查和信息反馈，做好政策"回头看"工作，加强对居民住宅区配套设施的管理和维护，对于房屋质量问题要及时加以解决；同时要加强周边基础设施建设，加强管理公共服务的相关领域，如交通、水利、广播电视、公园等，做好教育、医疗、社保等公共服务的保障工作。此外，政府应该和企业、社会共同营造良好的社区环境，做好环境绿化工作，与周边的区域环境相协调，保障居民在新的环境下能够舒适生活。

四是促进居民的自我管理，促进政府、市场与社会的合作治理。棚改返迁和搬迁居民在新的小区中可以加强自我管理，并与政府、企业进行合作，促进多元合作治理模式在新阶段发挥其优势和作用。比如，辽宁省在棚改小区中推广了自助式物业管理服务，在小区中由民众选举出业主委员会，并由政府牵头，和物业公司进行协商定价，既降低了物业管理费的支出，又创造了部分就业机会，有助于提高居民的自我管理能力。从多元合作的角度来看，政府可以与市场、社会进行协商和权责分工，在后续的居民管理中继续发挥各主体的治理作用。政府及相关部门应该继续发挥"元治理者"的作用，对于居民在入住后提出的相关问题予以解决，及时为新入住小区提供与之需求相符合的公共政策和服务。而"自改委"也可以转变为新小区的自治管理委员会或纳入居委会，其职能可以根据征收之后的情况进行相应调整，由"政策解释和劝说"向"自治管理与服务"转变，充分运用其威信和治理能力，加强小区内部的自我管理与自我服务，并承接向上反映群众意见、对群众提供基础服务的职能。物业应接受政府的引导，与群众自治组织进行共同协商，制定合理的收费标准，提供高质量的服务。

第八章

棚户区改造中多元协作治理模式的
完善及政府责任

第一节　棚户区改造中多元协作治理模式的运作机制

基于前面的实证分析我们发现，2011年以后，全国各地棚户区改造实践探索出了一条新的更有效的模式。政府、市场和社会在棚户区改造中各自承担了不同的任务，扮演了不同的角色，从而实现了多元主体的共同合作，推动了棚户区改造项目的顺利完成。回顾本研究提出的多元主体协作治理理论分析模型，地方政府一方面基于自身的政治和行政资源，发挥了"元治理"职能，通过价值协同、沟通协调、激励惩罚等方式进行全局统筹，促成和维护了合作局面；另一方面，地方政府也作为参与的主体一方，根据中央和上级政府的规定出台相应的拆迁和补偿方案、提供财政资金、办理行政手续等，积极履行作为地方政府在棚改中的职责。市场在棚户区改造的过程中政府进行积极配合，在维护股东和企业利益的同时承担一定的社会责任，体现出市场的社会担当。作为社会参与主体的社会组织和居民，向政府积极反映利益诉求，使政府能够及时有效地了解公民需求，使得公共服务与公共政策能够更好地满足人民的需求；多元主体应该明确其最终的目标应是解决社会问题，实现社会福利，以经济有效的方式实现最大的社会效益，增强相互交流与沟通，促进信息共享与社会资源的流通，以平等的身份参与协同治理，以实现社会的"善治"。结合曹家巷以及全国其他地区的棚户区改造案例，我们可以对政府、社会和市场在多元主体协作治理模型中的定位及发挥的作用进行具体分析。

一　政府的职能和角色

由第二章的理论分析可知，政府能够凭借其政治权力和政府财政，掌握对社会治理的领导权和控制权，具有对权力的合法垄断。同时，政府具有民众授权的政策资源，能够通过公共政策等工具影响社会资源的分配，并通过意识形态领导对社会主体起到引导和带动作用。政府应该通过纠正市场失灵、加强政府的服务职能和发挥其"治理网络"中心的作用，促进多元主体间对话、竞争、妥协、合作，并促进社会主体采取集体行动，共同治理社会问题。[①]结合棚户区改造的相关案例我们可以总结得出，政府在多元主体协作治理的过程中承担的职能主要包括以下几个方面。

---

① 王名、蔡志鸿、王春婷：《社会共治：多元主体共同治理的实践探索与制度创新》，《中国行政管理》2014 年第 12 期。

（一）纠正市场和社会的失灵，构建和谐的多元治理格局

政府的主要职能在于纠正市场和社会在解决社会公共事务时的不足问题，通过提供公共物品、消除负外部效应，为市场主体提供政策和信息，从而规范市场的有效运行，并促进多元主体的利益整合，减少和消除多元主体合作过程中的矛盾，发挥其协调作用，构建和谐的多元治理格局。为了有效纠正市场失灵现象，政府可以采取以下几方面措施。

首先，发挥政府作为"治理网络"中心的作用。元治理理论认为，国家治理不仅需要坚持多元主体的协同合作，更需要发挥政府在社会治理中的重要作用。政府作为多元主体协作网络的核心，其行为能够对其他主体起到重要影响，因而政府应充分发挥其"元治理"的职能，通过制度供给、沟通协调、激励惩罚等手段，对其他主体的行为进行引导，并为其合作提供平等博弈的平台，促进多元主体的协作治理。

其次，加强信息沟通。多元主体开展多元合作博弈的重要方面，是需要一个主体可以平等交流和学习的平台。在棚户区改造中，地方政府利用信息优势，促进多元主体沟通交流，让参与各方充分掌握信息。政府在曹家巷棚户区改造的过程中，承担了主要的信息发布的功能，比如在模拟拆迁的过程中，设立公开的信息告示牌，将相关的政策信息和征收进程加以如实公布，保障了公民的信息知情权、决策权，促进居民尽快进行签约。而在棚户区改造的实施过程中，政府让"自改委"来对施工进程进行监督，也保障了整个政策执行过程的公开透明。

最后，规范社会利益博弈，平衡社会力量。社会政策的制定和执行本质上是政府对社会利益的再次分配，主体间的利益冲突是阻碍多元主体展开合作的重要因素。因此，政府应该调节社会利益，并实现资源的合理分配，尤其注意向社会弱势群体倾斜，成为弱势群体利益的代言人。比如，在棚户区改造的过程中，政府通过让利，为居民提供较高的政策补偿和较低的房屋购买价格，就体现了政府对居民权益的维护。

（二）加强对社会的服务职能

政府的社会服务职能是指"政府作为服务主体满足被服务的客体——社会组织与居民个人的利益和需求的事务、行为及其过程"[1]。构建服务型政府要求政府坚持"以人为本"的基本原则，将社会管理和公共服务作为政府的基本职能，进行政府的机构改革和行政职能的重构。可以通过两方面加强政府社会服务职能的建设。一方面，应健全公共财政体制，加大政府对于公共服务的投入。政府应该合理调整经济性和社会性公共服务之间的关系，加大社会性公共服务支出在整个财政支出中的比重，建立相应的公共财政体制，保障民生资金的足额和到位。另一方面，应增强政府的公民回应性，提倡公民参与。构建"善治"的良好格局，要求建设具有高度回应性的政府，通过有效的公共服务供给机制满足民众需求。为了增强政府的公民回应性，可以加强民意沟通和反馈的制度和机制建设，通过法规和制度为民众参与公共事务

---

① 施雪华：《"服务型政府"的基本涵义、理论基础和建构条件》，《社会科学》2010年第2期。

治理提供渠道，建立民主化的社会治理模式。在棚户区改造过程中，政府可以通过帮助居民成立"自改委"等自治组织，并采取"模拟搬迁"等改造方式，以民意为导向优化政策制定和执行流程，提高政府的公民回应性。

（三）完善自身的法治建设

完善政府的法制建设，加强公民对政府权力的监督和规范，是服务型政府建设的根本保障，也是依法治国的必然要求。① 政府大包大揽的问题在于可能出现的权力滥用，构建多元主体的协作治理模式要求限制政府的权力，加强市场和社会对政府权力的监督。构建法治政府，加强政府的法制建设可以通过以下几个方面加以改进。首先，应不断加强法律和制度建设，明确政府权力的边界，完善政府权力清单和责任清单。其次，应建立科学民主的决策制度，形成法制化的行政程序。政府决策应该在制度上保障公民参与，鼓励多元主体参与公共事务的管理和决策，并形成法治化的行政程序，规范政府的执法行为。最后，建设完善的民主监督机制。民主监督是限制政府权力、防止政府权力滥用的重要手段，应该加强政务公开制度、社会听证制度、电子政务能力方面的建设，为社会公众监督政府行为提供政策保障，同时应促进政府信息公开，加强"阳光政府"的建设，促进政府行为的公正化和透明化。在成都市曹家巷棚户区改造过程中，政府部门主动进行了信息公开，坚持征收方案的一视同仁，并接受"自改

---

① 丁冬汉：《从"元治理"理论视角构建服务型政府》，《海南大学学报》（人文社会科学版）2010 年第 5 期。

委"的监督和建议，减少了政府执法过程中的非法行为，有利于保障公民的合法权益，形成政府与市场、社会的良好合作关系。

二　市场的职能和角色

市场是社会治理的重要主体，在资源配置中起决定性作用。市场参与社会治理的优势在于，可以提供资金支持，为社会创新注入活力，提供更多可供选择的方案，并以科学高效的方式有效地提供人才和相关资源。可以说，市场在棚户区改造中是重要的资金来源和动力来源，也是社会治理创新的重要力量。在以曹家巷为案例的棚户区改造的过程中，市场承担的职能主要包括以下几个方面。

（一）为棚户区改造提供资金和方案支持

市场是棚户区改造的主要资金提供者，其资金构成了征收补偿的主要部分。在现有的集中棚户区分类中，以曹家巷为代表的原有老旧小区原本隶属于西南第一工程公司，而在市场经济改革和华西集团接手后，存在着大量的资金缺口，导致企业单方面无法承担全部的资金负担。因此，在曹家巷案例中由政府和华西集团共同出资、共担风险，解决了棚户区改造的资金问题，但不可否认，企业仍然是负担棚户区改造成本的主要对象，其有效的融资能够为征收补偿提供基础和资金保障，减少政府的财政压力，在实际运用过程中，应鼓励市场和社会进行合作融资，并对参与融资的企业给予政策优惠。

市场和企业作为工程的规划主体和承包主体，对于房屋的规划和改造具有独到的经验和技术资源。因此，能够为公共政策提供较为多样化的选择方案，并为居民提供定制化的方案服务，在科学合理规划的基础上尽量满足民众诉求。在政策方案的制订阶段，当居民和"自改委"对原有的 48 平方米一室一厅的补偿表示不满后，金牛区政府召集承包公司重新修改补偿方案，先设计出 48 平方米两室一厅的方案，遭到居民再次反对后又设计出新的房屋户型，对于超出评估部分的面积让公民出价购买，这才解决了居民的后顾之忧。在解决利益诉求冲突的过程中，项目承包者北鑫公司起到了重要的缓冲作用。在政策的执行和后续治理方面，市场又为社会治理的创新提供动力，市场的灵活运作推动了棚户区改造的发展，也对政府提出了更高要求。政府在不断调整政策、满足经济发展需要时，应制定更加完备和具有包容性的政策，谋求更多的利益共同点，促进市场和社会的发展。

（二）在棚户区的改造和建设中承担责任

市场中的地产开发企业是棚户区改造工程的主要承包者和实施者，其执行能力和施工质量直接影响搬迁居民的房屋质量。因此，应当审慎选择，并加强与项目承包企业的交流与合作。在传统行政社会中，房屋的拆迁、征收等各个环节由政府指定承包公司，并且缺乏法律保障，由此容易引起政府和企业的"寻租"行为，不仅会导致政府的贪污腐败，而且其工程质量也难以得到保证。在新《条例》对于房屋征收主体进行规范之后，政府作为唯一的拆迁实施主体，不能轻易对外承包和转移责任。可以看到，在曹家巷棚户区改造案例中，已经形成了一套完整规范的项目实施和监督体制。首先，在征收方案实施之前，由居民"自改委"代表居民出面，对政府和企业提出的征收方案提出意见，并令其重新规划，直到出台的补偿方式和房屋类型能够使居民满意。其次，在房屋征收过程中，由居民"自改委"选出房屋拆迁项目实施的公司，并对工程实施的全过程进行监督，确保房屋拆迁不出现质量问题，保障工程的顺利实施。

（三）专业的人才和资源提供

市场的巨大优势在于其专业化和灵活性，市场机制能够高效地调动社会中的人力资源和社会资源，为棚户区改造提供强大的动力支持。在政府、市场和社会三个主体相互独立的情况下，政府和社会在棚户区改造的专业领域都缺乏大量的人才和资源，而市场在此方面具有独特的优势。因此，在多元主体协作治理的框架下，市场应该发挥其独特优势，为政府和社会提供有关棚户区项目的专业人才和资源，在诸如房屋户型的设计、征收方案的科学性论证、后续物业管理等方面提供专业化建议和政策咨询，主动为棚户区居民创造良好的经济和社会环境。同时，政府应运用公共政策和宏观调控的手段，维护良好的市场环境和市场秩序，合理控制市场价格，避免市场失灵对公民福利造成损失，并督促市场和社会进行合作。在棚户区改造的过程中，政府、市场和社会三者应该是相互帮助、彼此促进的关系，并通过政府的统一协调，实现多元主体的积极配合，将市场机制灵活运用到社会治理体系中去，提高社会治理的效率和效能。

三　社会主体的职能和角色

社会组织与居民是社会治理的重要参与主体，其在社会治理中的地位随着近年来行政社会向治理型社会的转型而变得越来越重要，并在棚户区改造中发挥了重要作用。社会作为政府和人民的重要桥梁，具有良好的群众基础，能够及时地了解居民需求，实现政府与社会的充分沟通，有利于消除不信任，缓解冲突和对抗，从而实现社会公共事务的有效治理。在棚户区改造的协作治理过程中，社会发挥了以下几方面作用。

（一）对居民诉求做出回应

在棚户区自治改造的过程中，居民"自改委"发挥了重要作用，与行政社会的治理模式相比，其最突出的特点是能够代表公民的利益进行议价协商，在民众意见的调查和对政府反馈的阶段发挥了重要作用。首先，在棚户区改造的决策阶段，"自改委"对居民进行入户摸底行动，调查每个群众的家庭情况和房屋情况，并发现了不同居民具有不同的利益诉求，并将此情况如实反映给政府机关。其次，在进行前期调查时，"自改委"对户主的房屋进行了确权工作，以确保补偿的公正合理。由于棚户区房屋年代久远，其间可能历经户主更迭或者产权共有等问题，在行政社会的治理模式之下，政府往往缺乏严谨的前期调查而导致对居民的赔偿出现偏差，这是棚户区改造的一大难题。"自改委"发挥其群众优势，对居民进行访问和资料核查，解决了产权模糊、产权共有等一系列问题，使得房屋的补偿能够符合居民的实际情况，实现了资源的有效配置，也有助于保障房屋补偿的公平性。

（二）代表民众进行协商谈判

在行政社会的治理模式中，群众往往缺少利益诉求的表达机制和表达渠道。因此，在与政府和市场进行利益博弈时，公民常处于谈判的弱势地位，难以争取到自己的利益。曹家巷棚户区为了处理好利益关系，在 2012 年选举产生代表作为居民"自改委"的成员，并按照法律、法规代表居民参与政府的决策过程。首先，在征收方案的制订过程中，"自改委"通过与政府和市场进行多次协商和较量，修改赔偿方案，由起初的一室一厅户型转变为两室一厅户型，并且增加了房屋的容积率，最终使决策方案符合公民的住房预期。其次，在政策执行的全过程，"自改委"都代表居民与政府进行商讨和监督，确保每一环节都能实现良好的利益均衡。比如，代表居民选择开发商和房产评估公司、选择房屋的建设公司，并在施工过程中加以监督，促进棚户区改造的有效完成。

（三）发挥良好的群众动员能力

"自改委"作为群众自治组织，具有良好的群众动员能力，能够通过说服、引导、茶话会等多种方式，为群众解答政策困惑，同时动员群众，形成群众压力，劝说不想搬迁的居民仔细权衡利弊，并主动参与棚户区改造。棚户区改造的政策目的主要是提升居民的生活水平，改善群众的生活质量。而在实际的政策制定和执行过程中，部分群众由于希望获得更高的补偿、政府政策的不明确和以往强制拆迁的经验给群众留下了不良印象，对棚户区改造持反对态度。"自改委"由群众自行选举产生，其身份也是棚户区居民的一员，因此更加了解居民的需求，同时也更容易获得群众的信任，起到良好的说服效果。在棚户区改造前期，"自改委"通过逐家逐户征询居民的意见和建议，使得居民逐渐接纳政府的棚户区改造方案，并自愿进行模拟签约。在签约后期，"自改委"发挥了"群众攻势"，带动已签约的群众对未签约的群众进行说服和协调，其间虽然发生了一些过激行为，但区委副书记及时上门道歉，并对"自改委"成员设立规范，通过合理合法的手段进行动员，并延长了30天签约期限，最终达到了99.6%的签约率，顺利启动项目。

（四）建立信任关系和社会资本

社会治理需要建立群众之间的宽容和默契，需要通过政府与公民之间的相互理解来达成共识，并在统一的制度规范下进行合作，这是多元主体进行合作博弈的基础。而在行政社会中，由于政府处于强势的主导地位，各主体之间缺乏交流，从而为政策推行造成了阻碍。在以曹家巷模式为代表的协作治理模式下，"自改委"为建立共同的目标和价值观、达成利益妥协提供了有力的帮助。通过"自改委"的组织和协调，居民能够获得与其利益诉求较为相符的补偿，政府机关能够以较快的速度完成棚户区改造，市场能够以较小的资本完成整个区域的投资和转型，并从中获取利益，各方都达到了较好的合作。而通过"自改委"的一系列活动，包括担当群众利益的代言人，向群众宣传和解释政策，解决利益矛盾纠纷，帮助群众与政府、市场进行协商，说服居民参与棚户区改造，监督棚户区改造的建设进程等，都体现了群众自我管理的意识和能力的增强，也促进了邻里之间社会关系的发展，这就是社会资本的累积过程。在棚户区改造工程结束、居民进行返迁后，可以将原"自改委"成员进行重组，使其继续参与新社区的治理，并转变目标和服务职能，由"自治改造"转向"自主管理"，并与政府、市场进行合作，处理好棚户区返迁居民的后续生活保障问题。

四 多元主体的协作机制

根据前文已述的协作治理框架可知，多元主体在棚户区改造过程中主要是基于价值协同、沟通协调、激励惩罚三大机制而展开，在曹家巷棚户区改造的实践中，地方政府主要在以下几个方面实现了在协作治理机制下的有效合作。

首先，在价值协同方面，棚户区改造需要的多元主体形成较为统一的价值观，即以公共利益为导向，建立广泛的价值认同，促进多元主体形成一致的行动目标。在曹家巷棚户区改造过程中，地方政府在塑造话语体系中发挥了统领性作用，政府通过政策规范和帮助成立"自改委"等措施，形成了自治改造的良好氛围和价值导向，并能够促进公民积极参与政策过程，促进了模拟搬迁过程中签约的有效进行。

其次，在沟通协调方面，建立平等的沟通协调机制、协商平台，促进多元主体之间的沟通与协调。在曹家巷棚户区改造案例中，地方政府通过建立沟通与协调机制，搭建合作交流的平台，如在征收方案制订的过程中充分吸取群众意见，通过"坝坝会"

等方式与群众沟通，在"双百方针"实施的过程中主动进行信息公开等，都体现了政府促进公民协商的行为与方式。

最后，在激励惩罚方面，由于单一主体对公共物品的提供容易导致"搭便车"问题，政府需要制定激励与惩罚措施保障多元主体合作的顺利进行。在曹家巷棚户区改造案例中，地方政府通过制定房屋征收补偿的相关法规，对所有居民"一把尺子量到底"，同时也在政策层面规范了政府的征收行为，促进了政府和市场、社会在棚户区改造中的有序参与和协作。

综合以上分析我们可以看出，棚户区改造的发展历程就是多元主体由相互对立到相对合作的转变过程。在行政社会阶段，政府占绝对主导的地位，市场和社会则处于被动地位。因此，政策制定和执行由政府自上而下地实施，而其是否能够满足市场和社会的需求则缺乏反馈。有鉴于此，我们认为促进棚户区发展，需要政府、市场和社会合力协作，构建良好的协作治理体系和治理模式。首先，政府需要进行放权，由政策的执行者转变为合作的促成者，市场需要加强配合与协调，为社会治理创新增添动力，公民可以形成如"自改委"等自治组织，通过积极参与政策制定和政策执行过程，表达其合理诉求，并对政府和市场行为进行监督。其次，应构建完善的信息沟通机制，为传达公共政策、公民表达意见提供渠道和政策保障。最后，应鼓励居民进行自我管理，推动社会基层治理的法治建设，在赋予社会自治组织权力的同时，加以制度规范、强化教育和指导，培育和发展好社会组织，为我国的社会治理模式创新提供新的发展方向。

第二节　棚户区改造中多元协作治理模式存在的不足

多元协作治理模式是基于已有的相关学者的理论研究，以及以曹家巷棚户区改造为代表的自治改造模式的案例为基础，综合整理分析而得出的理论框架。通过前述分析我们认为，现有的棚户区改造模式在大部分情况下可以符合我们提出的理论模型。然而在行政社会向治理社会转型的过程中，由于受到种种因素的限制，在棚户区改造中还存在着一些问题。因此，根据本研究提出的多元协作治理模型，对棚户区改造及社会治理中存在的问题进行总结和分析。

一　地方政府的策略性行为

多元主体在开展合作的过程中，会产生一定的利益博弈。而在曹家巷自治改造的过程中，地方政府的策略性行为可能会影响多元协作的顺利达成，值得我们反思和改进。

首先，地方政府在签约过程中采取了"双百方针"的策略，通过规定在百日内实现100%签约，推动群众在规定时间内完成签约。然而我们也应当意识到，地方政府的签约行为在本质上是一种压力转移行为。政府通过将签约压力转移到"自改委"和群众中，减少了自身对群众劝说的成本和时间，但群众之间的矛盾会更加突出，造成邻里之间的矛盾，在支持者向反对者的劝说过程中，部分居民采取了喊话、大字报、围追堵截等方式，迫使反对者签约，这在本质上不符合多元协作的整体目标，违背了公正透明的沟通法则。

　　其次，在一些地方，政府依然运用体制内关系，通过"连坐"的方式给拆迁户施加压力。邓燕华将这种方式称为"关系型压力"，即地方政府通过居民间的关系来软化民众要求，寻求妥协，尽量减少让步。① 在曹家巷棚户区改造的过程中，地方政府运用了体制内的关系因素，对有亲戚在体制内工作的拆迁户，通过关系进行施压，并以体制内的拆迁户作为带头人，率先开展签约行为。这种行为从效率上来看有助于促进居民签约的顺利进行，但实际上也存在一定的政府利益因素，签约没有完全以民众意愿为导向。

　　最后，地方政府在规划棚户区改造的过程中，存在着通过棚户区改造的政策来推动城市发展战略，因而可能出现的结果是，急需改造的却因位置原因而没被纳入改造计划，而被纳入改造计划的可能并不那么急迫。政府的城市规划策略对于棚户区改造中多元主体的合作会产生重要影响，而由于地方政府对各项政策目标的综合考量，可能导致实际改造的地区和改造方式不能如民所愿，而针对需要改造的地区又没有及时提供政策和行动支持。服务型政府最主要的特征是政府减少对社会的直接干预，转向社会公共服务的有效提供，保障市场机制的合理运行。地方政府应将民意纳入棚户区改造的政策制定和执行过程，在进行城市规划和棚户区改造的过程中通过听证会等方式了解公民诉求，并提出具有针对性的解决方案。

---

① Deng Yanhua and O'Brien Kevin J., "Relational Repression in China: Using Social Ties to Demobilize Protesters," *The China Quarterly*, Vol. 215, 2013.

由于政府在多元主体协作过程中起到统领性作用，地方政府的策略性行为可能对棚户区改造的进程造成较大影响。我们应充分考虑地方政府在棚户区改造中的资源中心地位，减少政策的捆绑执行，规范关系型压力的行为；在棚户区改造的规划阶段，应更好地平衡政府政策多重目标之间的关系和优先顺序，切实做到以民生需求为主。

二　公众参与能力有待提升

在我国棚户区改造的过程中，公众参与是其中的重要环节，而通过曹家巷棚户区改造案例我们可以发现，在目前我国的社会治理过程中，公众参与能力有待提升。

首先，作为群众利益代言人以及政府和群众沟通的桥梁，"自改委"的能力还有差距。在曹家巷棚户区改造案例中，"自改委"主要通过入户走访调研、召开会议等方式来了解群众的意见，而这种方式带有一定的主观色彩，可能会存在民意表达不真实不充分的问题；在群众劝说和思想工作方面，"自改委"采取的方式主要是进行劝说和说服，从方法上和效果上还有待提升；而由于"自改委"的独立性不足，在对政府决策的影响程度上相对较小，这也是我国自治组织目前普遍存在的问题。为有效解决棚户区改造中公民能力较弱的问题，地方政府应放权赋能，通过制度、权力和技术支持，切实提高公民参与社会治理的能力。

其次，住户在"自改委"的带动下，对不愿意拆迁的人发动群众攻势，游走于道德与法律的边缘。在曹家巷棚户区改造的过程中，居民采取了多种方式对反对者进行劝说，而群众攻势可能对反对者的权益造成了侵害，并非完全的合法行为，因而在政府开展棚户区改造的过程中，应加强法制化规范，促进公民以合理的方式表达其利益诉求。此外，作为行动者的社区居民，往往属于陌生人社会，或社会关系并不紧密，邻里关系的单薄和社会资本的缺乏会对协作过程产生阻碍作用，影响签约进程。为此，需要加强对邻里社会关系的建设，加强居民之间的沟通和情感维系，促进社区建设。

最后，在棚户区改造的方案制订和签约过程中，存在着部分非理性的居民，往往将自身利益看得太重要，而忽略了集体和他人的利益，也没有意识到自身的责任。他们将自身利益作为衡量政策结果的标准，拒绝开展房屋征收工作。民众责任意识是社区建设的重要方面，而我国的民众"利他"性和责任意识还有待加强，在棚户区改造的过程中，部分居民只考虑到自身的利益，而没有考虑到棚户区改造对于整个社区环境改善的重要性。因此，在进行棚户区改造的前期宣传时，应加强民众责任意识的教育，加强民众对于公共利益和社区文化的重视，减少沟通摩擦，促进棚户区改造的顺利进行。

居民参与是多元主体治理的核心要义，而居民参与不足是我国社区发展中存在的普遍问题。为有效推动棚户区改造中的协作治理，在我国的棚户区改造过程中，应加强居民参与的机制、渠道建设，培育和发展自治组织，加强居民的自治能力和公民精神建设，发展以民意为导向的社区治理模式，促进服务型政府的转型。

三 多元协作治理机制有待完善

棚户区改造需要多元主体在价值协同、沟通协调、激励惩罚三大机制的作用下共同实现，而我国目前的多元协作治理机制尚不完善，主要问题包括以下几个方面。

首先，棚户区改造要求市场和社会组织作为独立个体加入合作博弈，而在棚户区改造的实际过程中，由于计划经济时期政府对经济的强控制，长期以来自由市场缺乏自己的独立地位，在棚户区改造的过程中容易出现资金缺乏、与政府合作困难等问题，在多元协作治理模式中，政府应该激发市场活力，充分发挥市场高效和节约资源的优势，在融资、房地产开发与建设、征收方案设计上，发挥市场的专业化优势。比如，在曹家巷棚户区改造案例中政府和市场合资建立北鑫公司、湖北省黄石市的"共有产权"制度等，通过政府与企业的合作，带动市场资金注入棚户区改造项目，可以适当解决这类问题。

其次，协同合作的前提是多个主体应有共同的价值观和目标，并围绕着同一目标展开协商合作，然而在棚户区改造的过程中，群众利益和城市的规划往往难以达成一致，各主体有不同的利益诉求。地方政府具有一部分部门利益因素，官员具有政绩考核指标的要求，市场获得最大化利润，居民也希望"晚迁大收益"，由此造成了一系列的矛盾。特别是在模拟搬迁的方案制订过程中，要设计赔偿方式、确定模拟征收区块，居民的利益差异就集中体现出来，曹家巷棚户区改造案例中采用的对策主要是通过"自改委"，对政府和社会的关系进行调节，并代表民众进行谈判，对群众做好动员工作。对此，政府要制订合理的搬迁计划，在仔细考量居民居住条件和利益诉求后做出决策，在制订政策的过程中要坚持让利于民的原则；并要加强政策宣传，促进群众对搬迁政策的了解和认同。此外，应充分动员广大群众，促使居民参与棚户区改造过程，并保持与居民的信息沟通与交流，明晰各主体权责，寻求利益共识，推动构建统一的价值观，为实现公共利益而合作。

最后，现有的激励惩罚机制有待完善。在曹家巷棚户区改造案例中，地方政府主要通过采取公开透明的补偿方案鼓励居民进行签约，并设立了一定的鼓励奖金，居民在规定时间内达到一定的签约比例就可以获得集体奖励。而在实际的运作过程中，地方政府对于居民的激励和惩罚规则有待完善。比如对于"自改委"居民和愿意进行动员的居民，政府部门可以进行相应的奖励，而对于居民在博弈过程中的围追堵截和暴力行为，政府也应制定相应的惩罚机制，对居民的行为加以规制。多元协作的本质在于促进居民之间的沟通与协商，因而应杜绝其中的法律边缘行为，并搭建沟通平台，完善居民矛盾纠纷化解机制，保障民众在社会治理过程中的有效参与。

多元协作治理模式依赖于良好的市场经济环境和政府改革，党的十九届四中全会中提出了我国国家治理体系和治理能力现代化的发展目标，并提出了 13 个"坚持和完善"，以充分发挥我国的制度优势，为协同治理模式创造了良好的政策环境。由此，我们认为，现有制度在总体上有助于政府的改革与多元合作，而政府内部的体制和环境，尤其是市场和社会发展不充分、居民的责任意识不完善等因素，将对棚户区改造的深化发展造成障碍。我们应认识到多元主体协同合作的重要意义，通过分享自治改造的成功经验，学习其他地区的优秀经验，实现社会事务治理模式的完善与发展。

第三节　棚户区改造中多元协作治理模式的完善

多元协作治理模式的出现有其必然性。改革开放后，社会主义市场经济的发展加速了社会资源的流动，促进了各种社会组织、公益性团体的出现，经济发展又推动了教育资源的优化配置，教育普及和教育水平的提升提高了民众的智力、组织能力、社会责任意识与公共精神，再加上网络科技的发展为民众参与社会治理提供了多样化的平台与信息交流的场所。多元协作治理模式就在经济、教育以及技术条件的推动下不断发展，这种治理模式不仅解决了传统政府管理下的许多弊端，而且还增强了社会活力，提高了社会稳定性。但我们从其运作过程可知，这种模式内在地要求政府、市场和社会必须作为平等的主体就社会公共事务进行广泛交流、平等协商，以此达成共识。我们认为，在棚户区改造过程中或者更广泛的公共事务难题的解决过程中，政府、市场、社会作为平等的主体应该如何作为才能促进多元治理模式的完善，关键在于以下几个方面。

一　培育多元主体间的信任关系

信任是社会治理中多元主体协作的前提和基础。良好的信任关系可以促进基层社会治理实现从单一主体下的管理控制到多元主体下的有效合作转换。心理学、社会学、经济学等多个学科都对信任进行过详细的研究。心理学将信任看作一种个体心理活动，对信任的研究主要是在个体微观层次；社会学非常重视对信任关系的研究，认为信任是社会关系的纽带，信任在社会运行中起着非常重要的作用；经济学中对信任的研究主要是探讨信任关系在简化交易程序、降低交易成本中的作用。帕特南认为，社会信任、互惠规范与公民参与网络和成功的合作相互支持、相互强化，一个共同体的信任水平越高，合作的可能性越大。[①] 张康之曾将信任视作一种重要的社会资源，他认为"习俗型—契约型—合作型"的信任模式分别与"农业社会—工业社会—后工业社会"相对应，认为信任是合作的前提和基础，主张通过信任来建构主体间的合作。[②] 从多个研究中也可以得出这样一种结论：信任是影响多元主体间协作程度高低的重要因素，对于协作治理的效果有较大影响。因此，政府、市场和社会作为平等的主体参与社会治理时，首先要做的就是相互信任。完善多元主体间的信任机制，构建主体间稳定持久的信任依赖关系，是构建社会公共事务多元治理模式的本质要求。

要完善多元主体间的信任关系，就必须先理解多元主体间所具备的信任关系的特点。在棚户区改造中所呈现的这种多元协作治理模式，其行动主体间的信任关系具有普通合作伙伴间的信任

①　〔美〕罗伯特·帕特南：《使民主运转起来：现代意大利的公民传统》，王列、赖海榕译，江西人民出版社，2001。

②　张康之：《走向合作的社会》，中国人民大学出版社，2015。

关系所不具有的特点，理解这些特点有助于在实践中去完善多元
协作模式。

第一，多元主体间的信任关系具有多元互动性。在这种模式
下，多元主体不仅有政府，还有市场、非政府组织以及各种公益
团体等构成的社会部分。此外，信任关系的表现也不是静态的，
而是在每一次方案的协商讨论中、每一次意见反馈与利益博弈中
体现出来的。

第二，不同主体间信任关系的建立具有较强的目的性。既然
多元主体间的信任关系是各主体在面临不确定条件时所形成的互
相依赖的体现，那么各主体就有权利选择对其他主体的信任程度
和依赖程度。比如，在棚户区改造中，居民认为政府能够给予他们
最大的利益补偿，他们就会选择多信任政府一些，认为开发商可能
出现损害他们利益的行为，他们就会少信任开发商一些。因此，在
多元协作治理模式下，不同主体之间的信任程度是不一样的。

第三，多元主体之间的信任关系还存在一定的脆弱性。任何
信任关系都可能因为一些事情的发生而打破，当多个行动主体建
立了信任关系时，相互之间便会用道德约束来代替某些制度规范，
因此当某一方严格按照制度规定行事时，可能会损害另一方的感
情。这种情况多发生在政府与社会之间，政府机关必须按照特定
的条例和程序执行，而社会又是一个充满人情味、讲究"情"大
于讲究"理"的组织。因此，政府在决策和执行的过程中，必须
考虑这方面的因素，以维护与社会公众之间的信任关系。

多元协作治理模式中，要加强多元主体间的信任关系必须做
到以下两点：一是确保多元主体具有平等的地位，二是要培养多

元主体间的相互信任的观念。多元主体间的平等首先表现在治理体系中各主体地位上的平等，国家不再是社会治理唯一的权力来源，政府与市场、社会等主体地位平等，同样享有管理社会事务、提供公共服务的权力，这有助于培养多元主体间坚实的信任关系。其次，要提倡多元主体间的互信价值观，长期以来治理主体由于受到以往行政弊端的影响，不愿意与他人合作，将社会等主体排斥在治理体系之外。因此，要加强多元主体间的信任关系，就必须在多元主体间培育互信价值观，降低甚至完全改变各治理主体间对协作治理的排斥心理，营造有利于实现多方共同期望的治理环境。

二　明确多元协作的目标与责任

如果说相互信任在政府、市场和社会之间搭建起了合作的桥梁与纽带，那么明确目标和责任就为多元治理提供了更明确的方向。目标是前进的动力，对人的行为具有明显的导向作用、激励作用、凝聚作用。政府、市场与社会在合作之初就充分了解各自参与社会治理所要达成的目标，并通过合作中一系列博弈来实现目标。但是，不可否认，在政府、市场和社会三者之间有一个共同的目标，这个目标促使三者愿意进行权力与资源的分享以达成有效合作。因此，多元治理模式中目标构成应该是这样的，一个所有主体都认可的共同目标下包含了若干个小的目标，这些小的目标由各个主体所持有，并期望通过实现共同目标来实现这些小的目标。显而易见，在城市棚户区改造项目中，政府、市场、社会三者的共同目标是促进棚改项目顺利进行，通过棚户区的成功改造，政府可以实现改善市容市貌、获得部分土地收入、提升城市 GDP 等目标，企业可以实现提升企业形象、获得部分利润等目标，社会公众可以实现改善居住环境、提升生活品质、提高公众在社会治理中的地位等目标。同样的，在环境污染治理、大气污染治理、城市网约车治理等公共事务治理的过程中，都能通过多元主体间的合作来实现共同目标，进而实现各主体的小目标。此外，在合作过程中，各主体都要充分理解目标，以目标为导向，防止将目标和手段置换。因为各主体在迫切想完成目标时，往往会过分关注完成目标的程序、技巧、方法，导致其忘了对最终目标的追求。因此，政府、市场、社会在合作中要随时明确三者的共同目标，防止发生目标与手段置换的现象。

"有权必有责"这句话不仅是对党政机关及其工作人员的要求，也是对社会中所有用权者的要求。多元治理中的各主体也不例外，行使权利必然要承担责任。多中心治理理论提出两种责任承担模式：一种是将责任分配给较大的管辖单位或权力主体，从而扩大责任主体的规模，建立逐级负责的责任供给模式；另一种是委托，中央或区域政府将某种服务委托给地方政府，或者政府委托给社会组织和私人部门提供，建立多层级的责任分担模式。这两种模式对主体责任的划分有一定的借鉴作用。但是在社会治理实践过程中，对于各个主体责任的划分却并不是那么容易的。由于不同的治理主体在不同的公共服务领域和层次中既有分工又有合作，并且各自的权责边界可能随着掌握资源与施行手段的不同不断发生变动，容易出现权力冲突或者治理真空，甚至变"多中心治理"为"无中心治理"。① 格里·斯托克也曾提到"治理意味着在为社会和经济问题寻求解决方案的过程中存在着界限和责任方面的模糊性"②。可见，在治理过程中，由于主体间的行动经常交织在一起，对于各主体进行责任划分仍是一个较大的难题。治理本身就意味着治理主体之间存在着责任共担，一个行为产生的后果通常需要多个主体共同承受。但是如果我们从行为导致的直接后果角度看，或许对责任的划分并不是那么困难。比如政府、市场、社会等主体都具有一定的决策权力，那么各主体也就应承担由决策所产生的后果。如果从各主体的地位来看，政府作为多元治理的引导者，自然就应承担起召集、引导、为其他参与者提供资源和服务的责任；市场作为参与者，自然应该在企业利润与社会责任之间保持较好的平衡，在追求利益的同时，要承担必要的社会责任；社会组织作为代表群众利益的参与者，就应对社会公众的生活、利益负责。此外，作为参与者的市场和社会还应配合政府的行动，做到主体之间相互负责。因此，虽然对多元主体的责任划分具有一定的困难，但多个主体应该共同构建责任共担机制，在对整个社会治理承担责任的同时，也要承担好各自组织内部的责任。

三　完善多元协作的制度与规则

无论是在农业社会、工业社会还是在后工业社会，社会治理

---

① 薛澜、张帆：《治理理论与中国政府职能重构》，《人民论坛·学术前沿》2012 年第 4 期。
② 〔英〕格里·斯托克：《作为理论的治理：五个论点》，华夏风译，《国际社会科学杂志》（中文版）2019 年第 3 期。

主体都需要遵守相应的制度规则，制度规则是社会治理展开的保障。中国有一句老话叫"没有规矩，不成方圆"，就说明了人的各种活动都应该在相应的制度规则框架内进行。因为人处在社会中，人的各种活动会对他人和环境造成一定程度的影响，而制度规则的作用就是尽量使人的行为产生积极的影响而不是消极的影响。在现代社会中，由多元主体所参与的社会治理是影响范围广、程度深、牵涉因素较多的活动，主体之间会因利益产生一系列的博弈，制度规则就将多元主体间的博弈限制在了一个可控的范围内。因此，政府、市场以及社会在作为平等的主体进行治理时，应该尤其注意自己的行为，遵循制度规则的约束。

纵观人类社会治理的历程，越是文明程度高的社会治理类型，就越是包含着完备的规则。① 在大力进行法治建设的背景下，政府、市场和社会三者在治理过程中，首先就要遵循法律制度的规定，在法律允许的框架内采取行动。法律制度不仅能够使多元治理的各项规则系统化，覆盖社会治理的方方面面，还能够将各主体应该遵循的规定明确列出，使各主体一目了然。此外，法律制度能够做到在多元主体违反了相关规定或者采取了负面行动时，能够对相应的行为进行惩罚，以保障主体间的合作顺利进行。

遵循法律规则对公共事务治理来说至关重要，从我国拆迁改造的发展历程中可发现，2011 年新《条例》实施后，拆迁中多元行动主体的行为得到了较大的规范。在此之前，房屋拆迁主要受

①　张康之：《论社会治理中的权力与规则》，《探索》2015 年第 2 期。

到政府行政权力主导，造成了政府滥用权力、强制拆迁事件的频繁发生，损害了被拆迁人的合法利益，使社会矛盾越发尖锐，社会秩序和政府形象受到严重影响。而 2011 年新《条例》颁布实施后，我国的拆迁情况由行政拆迁变成了司法拆迁，政府必须在新《条例》规定的范围内对房屋进行征收与补偿，其强制征收手段也受到了较大的限制，这在很大程度上维护了居民的合法权益，为被拆迁者申诉与救济提供了渠道，同时也有利于缓解社会矛盾，促进社会治理的发展。再看居民方面，在新《条例》颁布之前，若被拆迁人觉得补偿标准与预期不符，提出天价补偿款被政府拒绝之后，容易采取一些极端措施，比如当"钉子户"，聚集多人向政府声讨、示威、游行。而在新《条例》颁布之后，被拆迁者可以通过申诉救济渠道、申请法院进行裁决等措施来维护自己的利益，有效减少了社会恶性事件的发生。可见，法律制度能在很大程度上缓和主体之间的矛盾冲突，构成对多元主体行为的有效约束，若多元协作治理的主体想在协作治理中构建良好的伙伴关系，除了要构建信任关系、明确目标、承担责任之外，还需要遵循制度规则的约束，以减少自己的不当行为对多元协作关系的影响。

四　构建重叠的价值共识

重叠共识是罗尔斯所提出的重要理念之一。罗尔斯认为当代社会是一个理性多元化的社会，在政治多元化、文化多元化、价值多元化的社会背景下，有着公共理性的现代社会公民可以就"政治的正义"观念达成一种"重叠共识"，这种重叠共识能够为现代民主社会提供稳定的支持。① 当代中国要实现社会和谐、稳定、有序和长治久安，必须要在价值多元化的基础上形成重叠共识面，即价值共识。我国的公共事务治理实践表明，在多元主体间构建并培育重叠的价值共识能够有效促进多元主体间的互动与交流，有助于促进多元协作治理模式的完善与发展。

价值共识是连接多元主体的精神纽带。价值观会影响人对某件事情的态度和立场，进而影响人的行为表现。治理理论本身就内在地包含了多元主体拥有的共同的价值观，从我国棚户区改造实践看来，如果要使得政府、市场和社会在治理中做到资源共享、信息互通、责任共担，则三者必须要构建起信任、合作、互惠的价值理念，用共同的价值观来约束多元主体，保证多元主体活动在规则框架下进行。

推进国家治理体系和治理能力现代化是我国在新时代的重要任务之一，而治理领域中多元主体共同持有的价值共识是推进治理现代化的精神支撑，价值观本属于意识形态领域，但其作用发挥却不仅限于上层建筑领域。② 一方面，价值观具有导向作用，能够有效引导多元主体的行动配合，引导其行为后果趋向最佳。比如，在社会治理多元主体之间强调平等、协商等价值导向，能够引导政府、市场以及社会的价值选择。当价值导向被全社会所接受时，多元主体就会将自己的选择与社会治理的目标相连接，无意间提高社会治理体系的现代化程度。另一方面，构建重叠的

---

① 〔美〕约翰·罗尔斯：《政治自由主义》，万俊人译，译林出版社，2011。
② 胡玉荣：《价值观建设与国家治理体系和治理能力现代化》，《昆明学院学报》2020年第4期。

价值共识能够有效凝聚治理力量，降低社会治理成本。我国社会资源非常丰富，整合社会资源、凝聚治理力量对于提高社会治理成效意义重大。由于棚户区改造中各主体利益关注点不一，参与改造的目标也不完全相同，在拆迁改造的过程中就容易出现多元主体之间的矛盾冲突，而价值共识有助于调和各主体间的矛盾冲突，从而提高棚户区改造主体行动的一致性。

第四节　棚户区改造中政府元治理角色的强化

治理理论强调政府、市场和社会多方共同参与，实现公共事务多中心治理。而元治理理论与治理理论的区别在于强调在多个主体中，需要有一个主体发挥元治理者的角色，它在合作过程中发挥主导作用，从而能使治理有序、稳妥进行，提高治理结果的有效性。从实践中我们知道，虽然公共事务治理的主体有多个，但只有政府并且是一个强大而理性的政府才能承担起元治理者的角色。这个政府不是至高无上的、做好一切治理工作安排的政府，而是一个能够促进各个治理主体的自我实现，而且还能为各式各样自组织安排的不同目标、空间和时间尺度、行动以及后果等进行相对协调的政府。① 本研究前面已经提到，政府、市场与社会的合作以信任为基础，通过多元主体之间的资源共享、信息互通、利益分享、责任共担以达到单一治理主体运用单一治理模式无法达到的结果。而在城市棚户区改造过程中或者更广泛的公共事务

---

① Bob Jessop, "The Rise of Governance and Risks of Failure: The Case of Economic Development," *International Social Science Journal*, Vol. 50 (155), pp. 29-45, 1998.

治理中，政府对扮演好元治理者的角色，维护多元合作的持续进行进而提升社会治理效果有着不可推卸的责任。具体来说，在城市棚户区改造过程中，政府应该扮演好以下角色从而促进其元治理角色的强化。

一 多元协作平台的建构者和维护者

多元主体能够有效协作的前提之一是存在能够平等进入和退出的合作平台，政府应该搭建并维护平台的运行。通过这样的平台进行合作，可以有效解决多元主体间信息不对称、治理资源缺乏的问题，能够加快信息传递速度，使资源配置达到最优化水平。此外，多主体通过平台进行合作还能降低主体间的猜疑，使目标与行动一目了然，有利于增强多元主体间的信任关系。政府的能力决定了政府有责任去构建和维护这样的平台。一方面，政府居于权威中心的关键地位使其有能力召集其他主体在一个平台内进行合作，政府强大的政策资源、资金资源能够为多元平台提供合法性地位和日常运作的资金支持；另一方面，由于每一种治理模式都有其适用的范围和适宜解决的问题，政府应该在平台内部协调好三种治理模式的开合，当公共事务管理中需要哪一个主体的治理模式时，就及时开启哪一个主体的治理模式。①

在成都市曹家巷棚户区改造案例中，"自改委"充当了合作平台的关键性角色，在棚户区改造决策阶段和执行阶段起到了重要的作用。政府通过此平台向社会和市场传递政策方案，对棚户

---

① 熊节春、陶学荣：《公共事务管理中政府"元治理"的内涵及其启示》，《江西社会科学》2011 年第 8 期。

区改造在全过程进行信息公开，社会通过此平台向政府和市场反映自身意愿和拆迁需求，市场通过此平台向政府和社会提供多样化的设计方案和专业性的人才、评估机构。正是因为政府、市场、社会得以在一个平台内进行交流与合作，棚户区改造才得以顺利进行，多元协作治理的稳定性才得以保持。作为参与者的政府来说，通过平台与其他主体合作很重要，但构建并维护多元协作平台来为主体间提供合作渠道更加重要。曹家巷"自改委"正是由于政府引导棚户区居民党员积极参与才得以成立，政府在构建多元合作平台中发挥着不可或缺的作用。

二　多元利益的平衡者

不可否认，我国早已进入利益多元化社会，各类组织和个人在法律框架下追求自身的利益最大化已是不争的事实。如何对多元的利益进行平衡、如何回应各种不同的利益诉求，是关系社会稳定和国家长治久安的重大问题。许多社会问题产生的根本原因在于利益分配不均衡，不公平的利益分配将会导致各种各样的社会矛盾，最终影响社会安全。在现代社会，要想实现良好的治理，必须要处理好多元主体间的利益平衡问题，要在多元主体间建立起利益博弈机制和利益关联机制、利益共存机制。[①]

地方政府应该首先处理好自身利益和社会利益的关系。如前文所述，党中央推动的棚户区改造战略，其本身是一项涉及公共利益的事业，是为那些长期居住在棚户区的居民谋福利的一件工

---

① 丁冬汉：《从"元治理"理论视角构建服务型政府》，《海南大学学报》（人文社会科学版）2010 年第 5 期。

作。在新《条例》颁布之前，城市房屋的拆迁工作之所以出现了一些暴力推进并引起激烈的政社冲突的现象，根本原因就在于政府没有平衡好自身利益和群众利益的关系。在一个利益不对等的双方或多方关系中，很难维持长久稳定的协作关系。在新《条例》颁布后的棚户区改造实践中，法律保障了各方尤其是拆迁户的利益，因而大量的棚户区改造项目才能得以顺利推进。但是，我们从对各地的实证研究中也可以看到，地方政府在推进棚户区改造时，往往也不得不考虑自身的"利益"，包括城市的长远发展、任务推进中的绩效考量、财政收支的平衡等。的确，地方政府在推动棚户区改造时面临很多约束条件，但从长远来看，应该做好平衡，并更多地将社会和公众的利益放在优先地位，这是培育和维持一种良性政社关系的关键。

其次，政府的元治理角色还要求政府成为多元利益的平衡者。以公共事务治理为例，其一，参与治理的各个主体都有各自的利益诉求，并且希望能够实现自身利益最大化。但各主体的利益诉求可能不一致，有的利益诉求是不合理的甚至是以损害其他主体利益为代价的。因此，政府权威机构有能力且有责任对多种利益诉求进行甄别，保护参与者合理的利益。其二，当其他参与者之间发生利益冲突时，政府往往是裁判者。例如在棚户区改造项目中，居民对于房屋设计方案不满意，不会主动去找开发商协商，而是让政府作为最终裁决人。因此，政府因其公信力和权威，自然地成为多元利益的平衡者。其三，政府能够通过各种合法合理的方式制止多元博弈损害其他主体利益的行为发生，政府肩负维护社会稳定、增进社会福利的责任。因此，在对多元化的利益进行平衡时，政府需要多多关注弱势群体的利益，使利益分配公平合理。在房屋拆迁改造中，房屋征收与补偿阶段是多元主体利益博弈最激烈的环节，如何征收、按照何种标准补偿关系政府、市场以及社会三者的切身利益，三者都希望改造顺利进行，但居民想获得更多补偿与开发商想获得更多利润、政府严格的补偿标准以及想获得部分财政收入的心理相冲突。在此情况下，政府的元治理角色要求政府明确其在利益博弈中的位置，一方面，政府是作为平等的主体与市场、社会进行博弈；另一方面，政府需要关注宏观的公共利益，在实现全社会共同利益的同时满足不同主体的合法利益，做好多元主体间的利益平衡者。

三　制度和规则的提供者

完整的制度与规则设计是多元治理有效进行的保障。一方面，当政府作为元治理者协调各种治理模式时，制度规则能保证混合运用多种模式而不产生强烈冲突，保障模式间的兼容互济；另一方面，当政府、市场和社会等主体在治理过程中产生了纠纷或发生了冲突，制度和规则能够充当评断是非正误的依据，保障治理结果的公平公正。在公共事务治理中，政府应该为多元主体的合作提供制度规则。政府作为公共管理者，能够最大限度吸收专家和学者的智慧，提升制度规则的科学性；政府作为权威中心，能够吸引市场和社会参与到规则制定中来，在保证制度公平的同时提高其民主性；政府因其完善的机构和办事程序，能够对多元主体的互动行为进行监督，有能力对违反制度规则的行为予以警告或惩戒，保证多元协作治理的持续性和稳定性。

我国政府一直以来重视制度规则的建设，在房屋拆迁等问题上早就制定了项目的实施规则，从《城市房屋拆迁管理条例》到新《条例》，所体现的不仅是拆迁条件和方式等方面的进步，更为多元主体的合作提供了制度上的公平。在具体的案例如成都市曹家巷棚户区改造项目中，政府与社会的合作也体现出许多规则，比如政府完全尊重群众的改造意愿，做到"改不改由群众说了算"，形成了充分尊重主体内部决定、合作但不越界的规则；再如坚持"一把尺子量到底"，不给投机思想留余地，形成了补偿公平规则；还有虽由居民选择开发商，但政府仍会仔细审核开发商所提供的方案，监督开发商的行为，防止其损害拆迁居民的合法权益，同时也会审核居民提出的要求，满足其合理的利益诉求，这促进了多元主体合作中互动公平、利益合理规则的形成。在城市棚户区改造中，从项目实施前的拆迁制度到改造过程中的合作规则，再到多元主体违反规则后的惩罚机制，政府作为元治理者要做的不仅仅是帮助制定规则，还要在多元互动中监督多元主体的行为，确保其受到制度规则的约束。

四　治理理念和愿景的传播者

政府的元治理角色一方面强调对政府、市场和社会力量进行整合，以促进多元主体的良性互动；另一方面强调提高政府的治理能力，使政府在整个社会治理网络中起到平衡多元利益、维护公共安全、培育公共精神的作用。① 党的十八届三中全会提出要

① 于水、查荣林、帖明：《元治理视域下政府治道逻辑与治理能力提升》，《江苏社会科学》2014 年第 4 期。

深化党和国家机构改革，推进国家治理体系和治理能力现代化，推动了社会治理理念的又一次革新与传播，法治、公平、效率、责任、透明和以人为本等治理理念的传播对促进多元治理的发展具有重要意义。

在社会治理中，政府的元治理角色要求政府必须作为治理理念和愿景的传播者。一方面，政府的元治理角色注重政府对多元主体的互动行为进行引导而非控制。因此，政府必须向其他主体传播社会所认同的价值理念，以促进主体间的配合程度。在多元治理实践中，政府向社会传达"有限政府""以人为本"的理念，将有助于转变政府在公共服务领域中的角色，激发社会公众的参与意识，培养社会自治能力。另一方面，政府要向社会传达社会治理的"善治"愿景，俞可平教授提出关于善治的十大要素，认为社会治理要达到"善治"的目标还任重而道远。但政府作为元治理者应该向其他多元主体传达对社会和谐美好愿景的追求。愿景的实现依赖于实践中的努力，多元治理主体对美好愿景的追求转化为治理行为的动力源泉，从而有助于构建合作互利的价值观，实现社会与政府的合作治理。政府向社会传播治理理念和愿景不仅会影响多元行动主体的协作程度，还会影响其他多元主体对政府目标的看法。治理本身就是将政府的目标转化为集体目标的过程，传播社会所认同的治理理念和愿景有助于加深其他主体对政府目标和行为的理解，使其能自觉接受政府引导，从而发挥政府元治理者的作用，增强全社会的凝聚力和认同感。

随着经济的发展，社会也日益成熟。党的十九大报告指出，当前我国社会的主要矛盾已经发生转移，因此政府在社会治理过程中，尤其要注重对公共价值的把握与培养，进而在整个社会中营造积极参与、共同治理的和谐氛围。元治理不是让政府向市场和社会分派任务或凌驾于其他主体之上，也不是政府事无巨细，包办一切，不给市场或社会留下自主行动的空间。相反，政府作为多元合作平台的建构者与维护者、多元化利益的平衡者、制度和规则的提供者、治理理念和愿景的传播者，应该考虑如何将各种优势资源集合在一起，让各个主体在治理过程中发挥出独特作用。结合我国深化机构改革、加快转变政府职能的背景来看，政府的元治理角色与我国建设服务型政府的理念不谋而合。一方面，政府只有转变职能，加快调整部门和机构设置，才能优化政府服务，为多元合作平台的建立打下基础；另一方面，政府要充分认识到社会和市场在治理中的价值，给予二者足够的信任与支持，这样才有助于转移政府职能，激发多元主体的合作潜力。

第九章

棚户区改造与社会公共事务
治理结构的转型

2019 年 12 月 23 日，全国住房和城乡建设工作会议在北京召开，对 2020 年的工作进行了详细部署。结合全国住房和城乡建设会议中所提及的重点工作任务，以及对当前形势和多元主体治理模式发展情况的分析，棚户区改造的未来发展方向主要分为以下两个方面：健全城镇住房保障体系，推动老旧小区改造和转型；将棚户区改造中的多元主体协作治理模式推广到社会公共事务治理中的其他领域，改善人民的生活质量，建设好发展好"美丽城市"和"美丽乡村"。

从前几章的分析中，我们已经知道棚户区改造中逐渐衍生出的多元协作治理模式具有较广泛的适用性，可以应用到社会治理的方方面面。从更宏观的层面看来，这种多元治理模式能够运用到我国公共事务治理层面中，有助于在新时代背景下推动我国公共事务治理结构的转型。

第一，此种模式明确了公共事务治理应该走协作治理之路。

社会的持续发展推动了公共事务治理领域中治理主体、治理模式和方式以及治理手段的不断改进，在传统农业社会向现代工业社会发展的过程中，基于公共事务治理实践，我们可以发现公共事务治理逻辑经历了从统治逻辑到管理逻辑再到服务逻辑的变革。传统的公共事务治理是政府对公共事务进行统包统揽，政府是公共事务治理的唯一责任人，在此情况下，如果对政府权力缺乏有效的监管和制约，不仅容易导致在治理过程中资源配置不合理，还容易产生腐败寻租现象。而政府、市场、社会以及民众个人共同协作治理的方式为未来社会治理发展提供了明确的方向，以上主体将会充分共享资源与权力，共同承担治理责任，通过多样化的平台保持相互间的沟通与互动，从而使多元主体协作治理成为一种新的治理方式。它不仅可以克服公共事务治理中单一政府运作所带来的缺陷，还可以激发社会公众的参与意识，破解公共事务治理难题。由于协作治理的主体不仅包括了政府，还包括了市场、社会组织、公民等其他主体，它能够最大限度维护多个利益相关者的权利，使他们参与到公共事务治理过程中来。正如棚户区改造中多元协作治理模式所展现的那样，各个主体能够秉持合作的理念进行互动，通过对制度资源、资金资源、信息资源等进行整合与配置，获得单一治理主体不容易找到的解决办法，突破公共事务治理困境。

第二，此种模式要求转变治理理念，提升自主治理能力。在公共事务治理难题上，奥斯特罗姆摒弃了国家和市场的对立，提出了自主治理理论。该理论认为，利益相关群体可以通过采取集体行为、自主行动解决问题，不依赖于外部强制干预或委托代理。

在城市棚户区改造的案例中，我们看到了自主治理未来成为公共事务治理主要方式的可能。在这种模式中，社会公众合法的自治权利得到尊重，自主性得到充分发挥，社会和政府是作为平等的主体行使权利和履行义务，在治理的各个环节充分体现人民的意志和意愿，以培养社会的参与意识和自治能力。此外，在这种模式下，政府转变治理理念，不再将自己视为唯一责任人，通过权力下放、授权服务等方式为多个利益相关者有效合作提供必要的制度规则保障。政府的角色是在充分尊重社会自主治理的基础之上，对治理过程进行理念嵌入、权力嵌入、组织嵌入、资源嵌入、文化嵌入，从而保证较好的治理效果。

第三，此种模式要求政府引领多元主体力量共同提高公共事务治理现代化水平。我国正处在全面深化改革的关键时期，发展机会与挑战并存，这对社会治理领域也提出了要求，要进一步提高公共事务治理的现代化水平，包括治理理念现代化、治理目标现代化、治理方案和治理手段现代化等。城市棚户区改造中的多元协作治理模式就为提升公共事务治理现代化水平提供了一定的参考。一方面，这种多元协作治理模式具有现代化的治理目标，使得公共事务治理不仅关注短期目标——问题妥善解决，更加关注长远目标——提高整个社会的治理水平；另一方面，这种模式实现了治理手段和方式的现代化，在这种模式下，公共事务治理过程中以综合手段取代行政手段，以合作互补取代对抗冲突，以对话协商取代"一言堂"，提高了多个治理主体对治理结果的满意程度。还有治理理念的现代化，这种模式有助于多个治理主体积极参与，构筑和谐互助的伙伴关系，不单单只以目标结果为导向，更重要的是伙伴之间如何合作，以促进更大范围内公共事务问题的解决。总之，中国特色社会主义公共事务治理需要明确现代化的目标、手段和治理理念，与政治、经济、文化、生态方面相配合，进一步提升国家治理现代化水平。

第四，此种模式要求治理重心下沉到社区。公民社会作为公共事务治理主体之一，在治理过程中发挥了重要的作用，而作为社会重要组成部分的社区也对公共事务治理有较大的影响。在城市棚户区改造实践中我们看到了城乡社区中的组织在调解争端、沟通信息、促进改造项目顺利进行过程中的作用，在其余的公共事务治理中也不例外，社区的作用应该得到重视和发挥。随着社会的发展，大量的公共资源会下沉到社区，社区逐渐变成民众沟通交流、互动协作的重要场所，各种利益群体都融合在社区中，复杂的利益交织容易导致社会矛盾的发生，重视社区建设有助于化解各种社会矛盾，在公共事务治理过程中能够提高效率。注重社区建设有助于培育具有强烈参与意识的社会组织，能够探索协作治理的制度与机制，还有助于探索政府在公共事务治理中授权的领域和程度，对公共事务治理结构转型具有推动作用。此外，由于社区承载了绝大多数人的信任和感情依赖，重视社区作用将十分有利于在人与人之间构建情感与信任的纽带。中国特色的公共事务治理不仅包括了"理"的因素，也包括了"情"的因素，对于目标的认同、主体之间关系的信任将有助于推动公共事务治理。

加快创新具有中国特色的社会治理体制，形成具有中国特色的社会治理方式，是提升国家治理能力的重要要求。社会治理涉及社会生活的方方面面，其中也包括了社会公共事务的治理。中国的公共事务治理具有不同于西方国家的特点，治理模式和治理方式充分体现了我国的具体国情，并与我国经济社会发展状况密切相关。近年来，我国社会发展已经进入关键转型阶段，在经济方面亟须转变经济增长方式，转换经济增长动力，在政治方面需要加快转变政府职能，在社会方面需要创新社会治理体制。因此，作为社会治理重要组成部分的公共事务治理也面临着重要的转型。而本书中探讨的城市棚户区改造中的多元协作治理模式是多个治理主体通过伙伴关系，凭借资源共享、信息互通、责任共担来进行社会治理的一种模式，可以为推动中国特色社会主义公共事务治理的转型与发展提供一定的借鉴。

参考文献

〔美〕詹姆斯·N. 罗西瑙（James N. Rosenau）：《没有政府的治理：世界政治中的秩序与变革》，张胜军、刘小林等译，江西人民出版社，2001。

〔英〕R. A. W. 罗茨：《新的治理》，木易编译，《马克思主义与现实》1999 年第 5 期。

〔英〕格里·斯托克：《作为理论的治理：五个论点》，华夏风译，《国际社会科学杂志》（中文版）2019 年第 3 期。

毛寿龙：《西方政府的治道变革》，中国人民大学出版社，1998。

俞可平：《论国家治理现代化》，社会科学文献出版社，2015。

全球治理委员会：《我们的全球伙伴关系》，牛津大学出版社，1995。

〔英〕鲍勃·杰索普：《治理的兴起及其失败的风险：以经济发展为例》，漆燕译，《国际社会科学杂志》（中文版）2019 年第 3 期。

俞可平：《走向善治》，中国文史出版社，2016。

陈天祥、高锋：《中国国家治理结构演进路径解析》，《华南师范大学学报》（社会科学版）2014 年第 4 期。

窦玉沛：《从社会管理到社会治理：理论和实践的重大创新》，《行政管理改革》2014 年第 4 期。

黄显中、何音：《公共治理结构：变迁方向与动力——社会治理结构的历史路向探析》，《太平洋学报》2010 年第 9 期。

俞可平：《中国治理变迁 30 年》，社会科学文献出版社，2008。

王浦劬、李风华：《中国治理模式导言》，《湖南师范大学社会科学学报》2005 年第 5 期。

王浦劬：《国家治理、政府治理和社会治理的含义及其相互关系》，《国家行政学院学报》2014 年第 3 期。

唐兴霖：《公共行政学：历史与思想》，中山大学出版社，2000。

〔美〕詹姆斯·M. 布坎南：《自由、市场和国家》，吴良健等译，北京经济学院出版社，1988 年。

过勇、胡鞍钢：《行政垄断、寻租与腐败——转型经济的腐败机理分析》，《经济社会体制比较》2003 年第 2 期。

〔美〕肯尼斯·J. 阿罗：《社会选择与个人价值》（第 2 版），丁建峰译，上海世纪出版集团，2010。

丁煌：《公共选择理论的政策失败论及其对我国政府管理的启示》，《南京社会科学》2000 年第 3 期。

〔美〕戴维·奥斯本、〔美〕彼得·普拉斯特里克：《再造政府》，谭功荣、刘霞译，中国人民大学出版社，2010。

〔美〕奥斯特罗姆：《公共事物的治理之道：集体行动制度的演进》，余逊达、陈旭东译，上海译文出版社，2012。

〔古希腊〕亚里士多德:《政治学》,吴寿彭译,商务印书馆,2011。

〔英〕亚当·斯密:《国富论》,郭亚男译,汕头大学出版社,2018。

Paul A. Samuelson, "The Pure Theory of Public Expenditure," *Review of Economics and Statistics*, Vol. 36, 1954.

胡代光、周安军:《当代国外学者论市场经济》,商务印书馆,1996。

刘辉:《市场失灵理论及其发展》,《当代经济研究》1999 年第 8 期。

Garrett Hardin, "The Tragedy of the Commons," *Science*, Vol. 162, 1968.

〔美〕曼瑟尔·奥尔森:《集体行动的逻辑》,陈郁等译,格致出版社,2018。

王冰:《市场失灵理论的新发展与类型划分》,《学术研究》2000 年第 9 期。

俞可平:《中国公民社会:概念、分类与制度环境》,《中国社会科学》2006 年第 1 期。

俞可平:《社会自治与社会治理现代化》,《社会政策研究》2016 年第 1 期。

Lester M. Salamon, *Partners in Public Service*: *Government-nonprofit Relations in the Modern Welfare State*, The Johns Hopkins University Press, 1995.

王名:《非营利组织的社会功能及其分类》,《学术月刊》

2006 年第 9 期。

Walter W. Powell and Paul J. Dimaggio, "The Iron Cage Revisited: Institutional Isomorphism and Collective Rationality in Organizational Fields," *American Sociological Review*, Vol. 48, 1983.

王世靓：《论志愿失灵及其治理之道》，《山东行政学院山东省经济管理干部学院学报》2005 年第 2 期。

李蕊：《论公共服务供给中政府、市场、社会的多元协同合作》，《经贸法律评论》2019 年第 4 期。

向德平、苏海：《"社会治理"的理论内涵和实践路径》，《新疆师范大学学报》（哲学社会科学版）2014 年第 6 期。

朱仁显、邬文英：《从网格管理到合作共治——转型期我国社区治理模式路径演进分析》，《厦门大学学报》（哲学社会科学版）2014 年第 1 期。

吴春梅、翟军亮：《变迁中的公共服务供给方式与权力结构》，《江汉论坛》2012 年第 12 期。

徐勇：《治理转型与竞争——合作主义》，《开放时代》2001 年第 7 期。

汪锦军：《公共服务中的政府与非营利组织合作：三种模式分析》，《中国行政管理》2009 年第 10 期。

俞可平、王颖：《公民社会的兴起与政府善治》，《中国改革》2001 年第 6 期。

〔英〕鲍勃·杰索普：《治理与元治理：必要的反思性、必要的多样性和必要的反讽性》，程浩译，《国外理论动态》2014 年第 5 期。

唐任伍、李澄：《元治理视阈下中国环境治理的策略选择》，《中国人口·资源与环境》2014年第2期。

熊节春、陶学荣：《公共事务管理中政府"元治理"的内涵及其启示》，《江西社会科学》2011年第8期。

臧雷振：《治理类型的多样性演化与比较——求索国家治理逻辑》，《公共管理学报》2011年第4期。

丁冬汉：《从"元治理"理论视角构建服务型政府》，《海南大学学报》（人文社会科学版）2010年第5期。

李澄：《元治理理论与环境治理》，《管理观察》2015年第24期。

杨婷：《元治理视阈下贫困治理能力生成机制研究》，《贵州社会科学》2018年第11期。

王杨：《治理转型何以可能："过渡型社区"的"过渡"逻辑——对"村居并行"治理模式的案例研究》，《中国农业大学学报》（社会科学版）2020年第4期。

Greg O'Hare, Dina Abbott and Michael Barke, "A Review of Slum Housing Policies in Mumbai," *Cities*, Vol. 15 (4), 1998.

Werlin H., "The Community: Master or Client? A Review of the Literature," *Public Administration and Development* (1986 – 1998), Vol. 9 (4), 1989.

Jan Nijman, "Against the Odds: Slum Rehabilitation in Neoliberal Mumbai," *Cities*, Vol. 25 (2), 2008.

Vinit Mukhija, "Enabling Slum Redevelopment in Mumbai: Policy Paradox in Practice," *Housing Studies*, Vol. 16 (6), 2001.

Yok-Shiu. F. Lee, "Intermediary Institutions, Community Organizations, and Urban Environmental Management: The Case of Three Bangkok Slums," *World Development*, Vol. 26 (6), 1998.

Shayer Ghafur, "Entitlement to Patronage: Social Construction of Household Claims on Slum Improvement Project, Bangladesh," *Habitat International*, Vol. 24 (3), 2000.

Angelo Gasparre, "Emerging Networks of Organized Urban Poor: Restructuring the Engagement with Government Toward the Inclusion of the Excluded," *VOLUNTAS*: *International Journal of Voluntary and Nonprofit Organizations*, Vol. 22 (4), 2011.

董丽晶、张平宇:《城市再生视野下的棚户区改造实践问题》,《地域研究与开发》2008 年第 3 期。

郑文升、丁四保、王晓芳、李铁滨:《中国东北地区资源型城市棚户区改造与反贫困研究》,《地理科学》2008 年第 2 期。

张丽萍:《我国城市棚户区改造存在的问题与对策分析》,《中国新技术新产品》2009 年第 8 期。

楚德江:《我国城市棚户区改造的困境与出路——以徐州棚户区改造的经验为例》,《理论导刊》2011 年第 3 期。

王大伟、蒲静:《对有效推进城市棚户区改造的思考》,《桂林航天工业高等专科学校学报》2011 年第 16 期。

孙艳秋:《以人为本:中小城市棚户区改造的实践与思考——以大安市棚户区改造拆迁工作为例》,《长春理工大学学报》(社会科学版) 2009 年第 2 期。

陈利:《吉林省棚户区改造中的四要素、六措施》,《城乡建设》2007 年第 5 期。

廖清成、冯志峰、许立:《南昌市破解"棚改"融资难题的实践与创新思考》,《中共南昌市委党校学报》2015 年第 1 期。

李莉:《加快棚户区改造的思考》,《宏观经济管理》2014 年第 9 期。

陈庆云:《公共政策分析》,北京大学出版社,2011。

〔德〕马克斯·韦伯:《新教伦理与资本主义精神》,袁志英译,上海译文出版社,2018。

竺乾威:《公共行政理论》,复旦大学出版社,2008。

孙关宏、胡雨春、任军锋:《政治学概论》(第 2 版),复旦大学出版社,2008。

〔英〕迈克尔·曼:《社会权力的来源》(第 4 卷),刘北成、李少军译,上海人民出版社,2018。

〔日〕青木昌彦:《比较制度分析》,周黎安译,上海远东出版社,2001。

《中共中央关于全面深化改革若干重大问题的决定》,2013 年11 月。

周学荣、何平、李娟:《政府治理、市场治理、社会治理及其相互关系探讨》,《中国审计评论》2014 年第 1 期。

王刚:《从治理走向秩序——经济转型中的市场治理研究》,经济管理出版社,2010。

Walter Powell, "Neither Market Nor Hierarchy: Network Forms of Organization," *Research in Organizational Behavior*, Vol. 12, 1990.

童星:《论社会治理现代化》,《贵州民族大学学报》(哲学社会科学版) 2014 年第 5 期。

〔美〕罗伯特·帕特南:《使民主运转起来: 现代意大利的公民传统》, 王列、赖海榕译, 江西人民出版社, 2001。

Max Weber, *Economy and Society*, ed. Guenther Roth and C. Wittich, University of California Press, 1868。

Jurgen Harbermas, *Communication and the Evoltion Society*, Beacon Press, 1979.

俞可平:《治理和善治引论》,《马克思主义与现实》1999 年第 5 期。

周志忍:《新时期深化政府职能转变的几点思考》,《中国行政管理》2006 年第 10 期。

Max Weber, *The Theory of Social and Economic Organization*, trans. Edith A. M. Henderson and Talcott Parsons, the Free Press, 1964.

蔡放波:《论政府责任体系的构建》,《中国行政管理》2004 年第 4 期。

张康之:《限制政府规模的理念》,《行政论坛》2000 年第 4 期。

周黎安:《转型中国的地方政府: 官员激励与治理》, 格致出版社, 2008。

冉冉:《"压力型体制"下的政治激励与地方环境治理》,《经济社会体制比较》2013 年第 3 期。

〔英〕奥利弗·谢尔登,《管理哲学》, 刘敬鲁译, 商务印书馆, 2013。

徐尚昆、杨汝岱:《企业社会责任概念范畴的归纳性分析》,《中国工业经济》2007 年第 5 期。

张兆国、梁志钢、尹开国:《利益相关者视角下企业社会责任问题研究》,《中国软科学》2012 年第 2 期。

夏建中:《治理理论的特点与社区治理研究》,《黑龙江社会科学》2010 年第 2 期。

张莉、风笑天:《转型时期我国社会组织的兴起及其社会功能》,《社会科学》2000 年第 9 期。

《中共中央办公厅 国务院办公厅关于改革社会组织管理制度促进社会组织健康有序发展的意见》,2016 年 8 月。

〔英〕罗纳德·H. 科斯:《企业、市场与法律》,盛洪、陈郁译,格致出版社,2014。

李平原、刘海潮:《探析奥斯特罗姆的多中心治理理论——从政府、市场、社会多元共治的视角》,《甘肃理论学刊》2014 年第 3 期。

胡代光:《西方经济学说的演变及其影响》,北京大学出版社,1998。

Fred S. McChesney, "Rent Extraction and Rent Creation in the Economic Theory of Regulation," *The Journal of Legal Studies*, Vol. 15 (1), 1986.

王春光:《城市化中的"撤并村庄"与行政社会的实践逻辑》,《社会学研究》2013 年第 3 期。

胡宁生:《国家治理现代化:政府、市场和社会新型协同互动》,《南京社会科学》2014 年第 1 期。

陈振明：《市场失灵与政府失败——公共选择理论对政府与市场关系的思考及其启示》，《厦门大学学报》（哲学社会科学版）1996 年第 2 期。

〔美〕曼昆：《经济学原理》（第 7 版），梁小民、梁砾译，北京大学出版社，2001。

耿长娟：《从志愿失灵到新治理》，中国社会科学出版社，2019。

Lester M. Salamon, "Of Market Failure, Voluntary Failure, and Third-party Government: Toward a Theory of Government-nonprofit Relations in the Modern Welfare State," Vol. 16 (1-2), 1987.

黄建：《社会失灵：内涵、表现与启示》，《党政论坛》2015 年第 2 期。

张素华：《社区志愿激励机制探析：个人和组织的两层面分析》，《社会科学研究》2011 年第 6 期。

周俊：《试论公共治理中的"政府失灵"及其规避》，《成都理工大学学报》（社会科学版）2005 年第 3 期。

周红云：《社会管理创新的实质与政府改革——社会管理创新的杭州经验与启示》，《中共杭州市委党校学报》2022 年第 5 期。

李澄：《元治理理论综述》，《前沿》2013 年第 21 期。

郁建兴：《社会治理共同体及其建设路径》，《公共管理评论》2019 年第 3 期。

张康之：《论参与治理、社会自治与合作治理》，《行政论坛》2008 年第 6 期。

鄞益奋：《网络治理：公共管理的新框架》，《公共管理学报》

2007 年第 1 期。

燕继荣：《社会变迁与社会治理——社会治理的理论解释》，《北京大学学报》（哲学社会科学版）2017 年第 5 期。

李国庆：《棚户区改造与新型社区建设——四种低收入者住区的比较研究》，《社会学研究》2019 年第 5 期。

陈剩勇、于兰兰：《网络化治理：一种新的公共治理模式》，《政治学研究》2012 年第 2 期。

严国萍、任泽涛：《论社会管理体制中的社会协同》，《中国行政管理》2013 年第 4 期。

Goffman and Erving, *Frame Analysis*: *An Essay on the Organization of Experience*, Harper & Row Press, 1972.

David A. Snow et al., "Frame Alignment Processes, Micro-mobilization and Movement Participation," *American Sociological Review*, Vol. 51 (4), 1986.

郁建兴、任泽涛：《当代中国社会建设中的协同治理——一个分析框架》，《学术月刊》2012 年第 8 期。

蔡潇彬：《变迁中的中国社会治理：历程、成效与经验》，《中国发展观察》2019 年第 1 期。

齐卫平、王可园：《新中国成立以来中国社会治理模式变迁》，《社会治理》2016 年第 4 期。

何增科：《从社会管理走向社会治理和社会善治》，《学习时报》2013 年 1 月 28 日。

鞠正江：《我国社会管理体制的历史变迁与改革》，《攀登》2009 年第 1 期。

姚华平：《我国社会管理体制改革 30 年》，《社会主义研究》2009 年第 6 期。

何海兵：《我国城市基层社会管理体制的变迁：从单位制、街居制到社区制》，《管理世界》2003 年第 6 期。

谢志岿：《论人民公社体制的组织意义》，《学术界》1999 年第 6 期。

王春光：《加快城乡社会管理和服务体制的一体化改革》，《国家行政学院学报》2012 年第 2 期。

文晓波、钟志奇：《我国社会管理体制的历史变迁与改革路径研究》，《地方治理研究》2016 年第 2 期。

中国战略与管理研究会社会结构转型课题组：《中国社会结构转型的中近期趋势与隐患》，《战略与管理》1998 年第 5 期。

郭风英：《"国家－社会"视野中的社会治理体制创新研究》，《社会主义研究》2013 年第 6 期。

陈鹏：《中国社会治理 40 年：回顾与前瞻》，《北京师范大学学报》（社会科学版）2018 年第 6 期。

何元增、杨立华：《社会治理的范式变迁轨迹》，《重庆社会科学》2015 年第 6 期。

王名、蔡志鸿、王春婷：《社会共治：多元主体共同治理的实践探索与制度创新》，《中国行政管理》2014 年第 12 期。

高园：《非强制行政：社会治理创新的"软"着陆》，《人民论坛·学术前沿》2019 年第 18 期。

周黎安：《中国地方官员的晋升锦标赛模式研究》，《经济研究》2007 年第 7 期。

联合国人居署：《贫民窟的挑战：全球人类住区报告（2003）》，于静等译，中国建筑工业出版社，2006。

陈慧、毛蔚：《城市化进程中城市贫民窟的国际经验研究》，《改革与战略》2006年第1期。

王霄燕：《棚户区改造法治建设的英国经验》，《山西大学学报》（哲学社会科学版）2017年第3期。

杜悦：《巴西治理贫民窟的基本做法》，《拉丁美洲研究》2008年第1期。

孙立平、王汉生、王思斌、林彬、杨善华：《改革以来中国社会结构的变迁》，《中国社会科学》1994年第2期。

《国务院关于解决城市低收入家庭住房困难的若干意见》（国发〔2007〕24号）。

《国务院办公厅关于促进房地产市场健康发展的若干意见》（国发〔2008〕131号）。

《关于推进城市和国有工矿棚户区改造工作的指导意见》（建保〔2009〕295号）。

《关于切实落实相关财政政策积极推进城市和国有工矿棚户区改造工作的通知》（财综〔2010〕8号）。

《关于成立成都市中心城区危旧房改造工作领导小组的通知》（成办函〔2009〕60号）。

《成都市人民政府办公厅关于进一步规范城镇房屋拆迁工作的通知》（成办发〔2009〕74号）。

《关于加快棚户区改造工作的意见》（国发〔2013〕25号）。

《国务院办公厅关于保障性安居工程建设和管理的指导意见》

（国办发〔2011〕45 号）。

《解决好现有"三个 1 亿人"问题》，中国政府网，www. gov. cn/xinwen/2014-03/05/content_2630172. htm。

覃应南：《决定房屋征收的基本流程和工作标准》，《城乡建设》2012 年第 8 期。

《国有土地上房屋征收与补偿条例》，中华人民共和国国务院令第 590 号，2011。

《上海市国有土地上房屋征收与补偿实施细则》，上海市人民政府令第 71 号，2011。

《重庆市国有土地上房屋征收与补偿办法（暂行）》，重庆市人民政府令第 123 号，2011。

《吉林省国有土地上房屋征收与补偿办法》，吉林省人民政府令第 273 号，2020。

史先明、吕云飞：《"模拟搬迁转征收"模式的适用性和工作难点》，《城乡建设》2013 年第 12 期。

金太军、赵军锋：《多元协作：基层政府创新管理的新战略——以苏州、淮安为例》，《唯实》2013 年第 10 期。

《"群众攻势"消灭"钉子户"》，《民主与法制时报》2014 年 5 月 21 日。

《关于在房屋征收中做好模拟搬迁工作的指导意见》（成房发〔2012〕36 号）。

钱璟：《我国棚户区改造中公民参与的有效性研究——以成都市曹家巷改造为例》，《北京电子科技学院学报》2014 年第 3 期。

史晓琴：《论有关经济主体行为选择对棚户区改造的影响——

基于公共选择理论的分析》,《经贸实践》2016 年第 11 期。

李月:《合作博弈视角下的社会治理模式创新——基于成都曹家巷居民自治改造的研究》,《前沿》2014 年第 7 期。

贠杰:《政府治理中"层层加码"现象的深层原因》,《人民论坛》2016 年第 21 期。

凌争:《主动"加码":基层政策执行新视角——基于 H 省 J 县的村干部选举案例研究》,《中国行政管理》2020 年第 2 期。

Mancur Olson, "The Logic of Collective Action," *Central Currents in Social Theory*: *Contemporary Sociological Theory*, 2000.

T. V. Smith, *The Ethics of Compromise and the Art of Containment*, Boston Star King Press, 1956.

罗维:《政治妥协:何以可能?》,《马克思主义与现实》2007 年第 2 期。

龙太江:《妥协理性与社会和谐》,《东南学术》2005 年第 2 期。

施雪华:《"服务型政府"的基本涵义、理论基础和建构条件》,《社会科学》2010 年第 2 期。

Deng Yanhua and O'Brien Kevin J., "Relational Repression in China: Using Social Ties to Demobilize Protesters," *The China Quarterly*, Vol. 215, 2013.

张康之:《走向合作的社会》,中国人民大学出版社,2015。

薛澜、张帆:《治理理论与中国政府职能重构》,《人民论坛·学术前沿》2012 年第 4 期。

张康之:《论社会治理中的权力与规则》,《探索》2015 年第 2 期。

〔美〕约翰·罗尔斯:《政治自由主义》,万俊人译,译林出版社,2011。

胡玉荣:《价值观建设与国家治理体系和治理能力现代化》,《昆明学院学报》2020 年第 4 期。

Bob Jessop,"The Rise of Governance and Risks of Failure:The Case of Economic Development," *International Social Science Journal*, Vol. 50 (155), 1998.

于水、查荣林、帖明:《元治理视域下政府治道逻辑与治理能力提升》,《江苏社会科学》2014 年第 4 期。

后　记

　　棚户区改造是中国近 20 年来一项极为引人瞩目的社会公共事务治理实践。在近十年的实践中，涌现了许多与以往的城市拆迁颇为不同的案例和做法。这些丰富的实践，从某种意义上说，代表了中国社会治理取向的重大转折——从政府的大包大揽努力退回到"有限政府"的位置，尊重其他主体的力量和利益，并逐渐形成卓有成效的协作关系。一种良性的社会治理模式正在形成。棚户区改造的实践正好是我们观察和研究当前社会治理转型的典型案例。

　　围绕这一主题，可以进一步提出以下问题：第一，棚户区改造的多元协作治理模式的产生背景、动因和运作机制是什么；第二，与传统模式相比，多元协作治理模式下棚户区改造的成效是什么；第三，拓展到一般层面，棚户区改造对于我国社会治理模式转型的典型意义是什么，在构建公共事务的多元协作治理格局中各参与主体尤其是政府的责任及实现路径又是什么。本书即是对以上问题提供的一个尝试性的解答。

本课题的研究和书稿的付梓得到了国家社科基金西部项目、全国民政政策理论研究基地、中央高校基本科研业务费专项资金的资助，在此表示感谢。

西南财经大学公共管理学院的研究生李美妮、张雪姣、马晓烨、赵鑫、李林峰、谢凯、李思盈、李桂蓉、张冰洁、杨海静等同学利用假期收集了大量的数据和案例，并对资料进行了整理，在此表示衷心感谢。

最后，衷心感谢社会科学文献出版社城市和绿色发展分社任文武社长、刘荣老师和刘如东老师，他们为本书的出版提供了热情的帮助和专业的意见。

由于时间、专业能力的限制，本书不免有诸多不足之处，衷心希望专家和读者提出批评意见。

马　珂

2022 年 6 月

图书在版编目（CIP）数据

棚户区改造中的多元协作治理模式研究／马珂著
. -- 北京：社会科学文献出版社，2022.8
（光华公管论丛）
ISBN 978-7-5228-0290-9

Ⅰ.①棚… Ⅱ.①马… Ⅲ.①居住区-旧房改造-研
究-中国 Ⅳ.①TU984.12

中国版本图书馆 CIP 数据核字（2022）第 103877 号

光华公管论丛
棚户区改造中的多元协作治理模式研究

著　　者／马　珂

出 版 人／王利民
组稿编辑／任文武
责任编辑／王玉霞
责任印制／王京美

出　　版／社会科学文献出版社·城市和绿色发展分社（010）59367143
　　　　　　地址：北京市北三环中路甲 29 号院华龙大厦　邮编：100029
　　　　　　网址：www.ssap.com.cn
发　　行／社会科学文献出版社（010）59367028
印　　装／三河市东方印刷有限公司

规　　格／开 本：787mm×1092mm　1/16
　　　　　　印 张：16.75　字 数：187 千字
版　　次／2022 年 8 月第 1 版　2022 年 8 月第 1 次印刷
书　　号／ISBN 978-7-5228-0290-9
定　　价／88.00 元

读者服务电话：4008918866

版权所有 翻印必究